INFLAMABLE

TRAMAS SOCIALES
Últimos títulos publicados
Directora de colección
Irene Gojman

26. Violeta Ruiz
    Organizaciones comunitarias y gestión asociada
27. María Mucci
    Psicoprofilaxis quirúrgica
28. Toni Puig
    Se acabó la diversión
29. María Felicitas Elías
    La adopción de niños como cuestión social
30. A. Melillo, E. Suárez Ojeda y D. Rodríguez (comps.)
    Resiliencia y subjetividad
31. E. A. Pantelides y E. López (comps.)
    Varones latinoamericanos
32. Sergio De Piero
    Organizaciones de la sociedad civil
33. L. Schvarstein y L. Leopold (comps.)
    Trabajo y subjetividad
34. Manuel Llorens (coord.)
    Niños con experiencia de vida en la calle
35. Maritza Montero
    Hacer para transformar
36. Ana Gloria Ferullo de Parajón
    El triángulo de las tres "P"
37. Susana Checa (comp.)
    Realidades y coyunturas del aborto
38. Martín de Lellis y cols.
    Psicología y políticas públicas de salud
39. Olga Nirenberg
    Participación de adolescentes en proyectos sociales
40. Jorge A. Colombo (ed.)
    Pobreza y desarrollo infantil
41. Mabel Munist y otros (comps.)
    Adolescencia y resiliencia
42. Silvia Duschatzky
    Maestros errantes
43. Alejandro Isla (comp.)
    En los márgenes de la ley
44. Daniel Maceira (comp.)
    Atención Primaria en Salud
45. J. Auyero y D. Swistun
    Inflamable

INFLAMABLE

Estudio del sufrimiento ambiental

**JAVIER AUYERO
DÉBORA ALEJANDRA SWISTUN**

PAIDÓS

Buenos Aires
Barcelona
México

Javier Auyero
 Inflamable : Estudio del sufrimiento ambiental / Javier Auyero y Débora Swistun. - 1a ed. - Buenos Aires : Paidós, 2008.
 240 p. ; 21x13 cm. - (Tramas sociales)

 ISBN 978-950-12-4545-5

 1. Estudios sobre Medio Ambiente. 2. Políticas Públicas. I. Swistun, Débora II. Título
 CDD 304

Cubierta de Gustavo Macri

1ª edición, 2008

Reservados todos los derechos. Queda rigurosamente prohibida, sin la autorización escrita de los titulares del *copyright*, bajo las sanciones establecidas en las leyes, la reproducción parcial o total de esta obra por cualquier medio o procedimiento, incluidos la reprografía y el tratamiento informático.

© 2008 de todas las ediciones
 Editorial Paidós SAICF
 Defensa 599, Buenos Aires
 E-mail: difusion@areapaidos.com.ar
 www.paidosargentina.com.ar

Queda hecho el depósito que previene la Ley 11.723
Impreso en la Argentina - *Printed in Argentina*

Impreso en Primera Clase,
California 1231, Ciudad de Buenos Aires, en febrero de 2008.

Tirada: 3.000 ejemplares

ISBN 978-950-12-4545-5

ÍNDICE

Los autores 7
Agradecimientos 13

Introducción 17
El sufrimiento de Claudia 17
De qué trata este libro 20
Experiencias tóxicas 23
Etnografía cubista 31
Sobre el sufrimiento ambiental 37
El plan de este libro 40

1. **Villas del Riachuelo: la vida en medio del peligro, la basura y el veneno** 43

2. **El polo y el barrio** 53
   Inflamable a través de la mirada de los más jóvenes 55
   Las fotos "buenas". Las (pocas) cosas que les gustan 56
   Las fotos "malas". Las (muchas) cosas que no les gustan 57
   Una relación orgánica 67
   Un lugar envenenado 76
   Un mundo sucio y peligroso 80
   Pasado y presente 83

3. **Mundos y palabras tóxicas** 91
   El sufrimiento de María 91
   Las categorías de los dominantes 97
   La imagen de Shell: seguridad y responsabilidad 101
   Escrudiñando la lógica corporativa 104
   No hablemos del plomo 113

4. **Las (confusas y equívocas) categorías de los dominados** 119
   Negación y desplazamiento 121
   Muerte tóxica 123
   Sospecha y desafío 128
   Sobre el no saber 130
   Entendiendo la incertidumbre 132
   Cimientos inciertos 136
   Las intervenciones estatales 141
   Los (malos) entendidos médicos 148
   Los medios de comunicación 153
   Palabras del poder 156

5. **Una espera expuesta** 159
   Las afligidas esperanzas de Mirta 159
   Siete meses en 1999: protesta por exposición 168
   Año 2005: los abogados 172
   Esperando 175
   El juzgado "decide" 178
   Cómo funciona la sumisión 181
   Irse o quedarse 184
   Desconfianza colectiva de la acción en conjunto 188
   La triste verdad 192
   Marcos colectivos estructurados y estructurantes 202

Conclusión. Etnografía y sufrimiento ambiental 209

Epílogo 221

Referencias bibliográficas 223

LOS AUTORES

Javier Auyero
Es sociólogo (Universidad de Buenos Aires) y doctor en Sociología de la New School for Social Research (Nueva York). Es profesor de sociología en la State University of New York-Stony Brook. Ha publicado *La política de los pobres* (Manantial), *Vidas beligerantes* (Universidad Nacional de Quilmes), y *La zona gris* (Siglo XXI). Es el actual editor de la revista *Qualitative Sociology* y miembro del consejo editorial de las revistas *Apuntes de Investigación* y *Ethnography*.

Débora Alejandra Swistun
Es antropóloga (Universidad Nacional de La Plata). Ha trabajado en la temática de riesgo ambiental en la provincia de Buenos Aires y participa en proyectos del Instituto de Investigaciones Gino Germani de la Universidad de Buenos Aires. Actualmente es coordinadora de programas de la Subsecretaría de Promoción para el Desarrollo Sustentable de la Secretaría de Ambiente de la Nación.

A Gabriela, Camilo y Luis, por los días y las noches juntos, por la alegría.

A la memoria del abuelo Fioravanti y la abuela Rosario.

Que los que esperan no cuenten las horas, que los que matan se mueran del miedo.

Joaquín Sabina

AGRADECIMIENTOS

Este libro no hubiese sido posible sin la colaboración de los vecinos de Villa Inflamable. A los efectos de preservar su anonimato hemos modificado algunos nombres; cada uno de ellos y ellas sabe lo mucho que apreciamos su cooperación. Quizás tengan discrepancias con partes del análisis; queremos reiterarles aquí que nuestro trabajo fue realizado con la mejor de las intenciones, escrito desde la indignación frente a lo que vimos y escuchamos, con el objetivo de aportar nuestra colaboración para que la situación del barrio y el padecimiento de los vecinos se conozcan y discutan. Tenemos la esperanza de que el libro genere un debate dentro y fuera del barrio, que tenga a los vecinos como protagonistas, y que conduzca a una solución de los problemas que los afectan.

Hace ya más de tres años Máximo Lanzetta, quien ocupara el cargo de subsecretario de Desarrollo Sustentable en la Secretaría de Política Ambiental de la Provincia de Buenos Aires al momento de iniciar y finalizar este trabajo, nos puso en contacto, y de ese primer encuentro surgió la colaboración que dio lugar a este libro. Máximo compartió con nosotros todo su saber sobre cuestiones ambientales y su experiencia como funcionario público. ¡Gracias, Máximo!

Presentamos partes de este libro en la conferencia "Practicing Pierre Bourdieu" en la Universidad de Michigan en septiembre de 2006, en la Ethnografeast III en Lisboa y en una charla en el Departamento de Antropología de la Universidad Autónoma Metropolitana-Itztapalapa de la ciudad de México en noviembre del mismo año. Un primer borrador del capítulo 3 fue presentado en el departamento de sociología de la State University of New York-Stony Brook y en el Centro de Estudios Latinoamericanos de la Universidad de Pittsburgh. Queremos agradecer a los participantes por sus aportes críticos. Agradecemos también a quienes leyeron y comentaron partes del libro mientras lo estábamos escribiendo: Ciska Raventos, Luis Reygadas, Lucas Rubinich, Rosalía Winocur, Gabriela Merlinsky, María Epele, Loïc Wacquant, Paul Willis y Charles Tilly. Víctor Penchaszadeh recorrió el barrio junto a Javier cuando comenzaba este proyecto, su inagotable conocimiento sobre salud y derechos humanos nos fue una guía indispensable, además de una fuente recurrente de consulta. Mil gracias L.L.

Javier Auyero dictó un seminario sobre "sufrimiento social" en el departamento de sociología de la State University of New York-Stony Brook. Los estudiantes de doctorado leyeron y comentaron un borrador de este texto; sus aportes y críticas mejoraron de manera decisiva el texto. Gracias entonces a Amy Braksmajer, Aura Caplett, Misty Currelli, Elizabeth Doswell, Hernán Sorgentini, Amy Jafry, Rachel Kalish, Gabriel Hernández, Can Ersoy, Fernanda Page y Deidre Caputo-Levine. Pablo Lapegna cursó el seminario y merece un agradecimiento especial, los intereses comunes e innumerables charlas sobre el "sufrimiento ambiental" fueron un aporte crucial a este texto.

Javier también quiere extender un agradecimiento especial a Ana Abarca; sin su ayuda, sin su inagotable fuente de alegría, el hogar de todos los días que Gabriela, Javier, Camilo y Luis comparten, no sería lo que es. ¡Gracias, Anita!

Débora Swistun quiere agradecer especialmente a sus vecinos de Villa Inflamable, quienes le abrieron no sólo las puertas de sus casas sino, y más importante aún, compartieron con ella sus deseos, frustraciones, esperanzas y sueños; muchos de esos momentos vividos quedaron plasmados en este libro.

Una particular mención merecen todos aquellos que escucharon partes de esta historia (y la de Débora por extensión) y la ayudaron a tomar la tan ansiada "distancia epistemológica"; es así que la autora agradece las largas conversaciones con Paula Estrella, Eugenia Dejo, Carolina Maidana, Rodrigo Hobert, Susana Ortale y por sobre todo con Javier. Tampoco puede dejar de agradecer los estimulantes y críticos comentarios que le hicieron sus colegas durante una ponencia en las IV Jornadas de Investigación en Antropología Social en el Instituto de Ciencias Antropológicas de la Universidad de Buenos Aires en agosto de 2006 y en el Congreso del 50º Aniversario de Flacso, realizado en Quito en octubre de 2007.

Muy necesarios también fueron los momentos de diversión y alegría compartidos con Anita Forlano, Celeste Isasmendi, Marina Flores, Ana Gutiérrez y Alejandra Carreras; y los deliciosos almuerzos de Elsa, la madre de Débora, en medio del "trabajo de campo".

La autora no quiere dejar de expresar un cálido abrazo a su familia que la acompaña siempre y por quienes principalmente se embarcó en esta empresa de comprender y escribir (con el intento de cambiar) lo que pasa en su barrio. Es a ellos y a sus vecinos a quienes dedica y agradece especialmente lo que van a leer.

INTRODUCCIÓN

El sufrimiento de Claudia

En 1987 Claudia Romero se mudó a Villa Inflamable (localizada en Dock Sud, provincia de Buenos Aires, Argentina). Ella tenía 7 años. En ese tiempo, sus padres trabajaban en la –por aquel entonces– refinería estatal YPF (Yacimientos Petrolíferos Fiscales). Después de algunos años de vivir en Florencio Varela, provincia de Buenos Aires, los padres de Claudia encontraron un lugar para vivir frente a YPF (hoy la privatizada Repsol), Shell y otras compañías del Polo Petroquímico y Puerto Dock Sud. Su familia ha estado viviendo en el barrio desde hace veinte años.

Claudia hoy tiene 27 años, está casada con Carlos Romero y tiene cuatro chicos. Tanto Carlos como Claudia trabajaban como personal de limpieza en dos de las compañías del polo, pero perdieron sus trabajos hace algunos años. Hoy en día, Carlos sale de su casa cada tarde para "cirujear" por el centro de Avellaneda, "de punta a punta por la Avenida Mitre". "En una buena semana, hago 25 pesos", nos cuenta. Claudia no ha encontrado un trabajo y es beneficiaria de un Plan Jefas y Jefes de Hogar: "Juntos hacemos cerca de 250 pesos al mes y con eso tiramos. Cocinamos una vez al día, a la noche". Para el almuerzo, los chicos comen pan con leche, la única comida completa es la cena. Los fines de semana asisten a uno de los comedores comunitarios del barrio. Las necesidades económicas de los Romero compiten con la atención a los constantes problemas de salud de dos de sus hijos. "Dos de ellos, remarca Claudia, tienen problemas. Los otros dos andan bien". El más pequeño, Julián, de 5 años, tiene convulsiones desde que es bebé:

> Él nació con esta marca en su cabeza. Los doctores me dijeron que no era nada. Que era sólo una marca de nacimiento. Después empezó a tener convulsiones y empecé a ir de un hospital a otro. En el Hospital de Niños le sacaron una tomografía y salió que su cerebro está afectado por esa marca, que no está sólo afuera, sino adentro también. Y ahora tiene ese angioma que está aflorando. Mirá, Julián, mostráselo.

Cuando Julián nos muestra su prominente grano rojo, le preguntamos a Claudia acerca de lo que diagnosticaron los médicos: "Ellos no me explicaron nada", responde, "ellos no saben por qué tiene esa marca. Yo me hice el análisis, su papá también, y no tenemos nada. No nos analizaron por plomo porque ellos no lo cubren. Y nosotros no lo podemos pagar". A Julián se le prescribió un anticonvulsivo. Claudia recibe un frasco de Epamil gratis por mes en el hospital público local, "pero Julián usa dos o tres frascos. Y eso sale entre 18 y 20 pesos cada uno, y algunas veces no podemos comprarlo. Yo empecé el papeleo para ver si podemos tenerlo gratis. Todo el mundo me prometió, pero no pasó nada. Papeles, papeles, papeles, sólo palabras". Julián necesita un control diario por sus convulsiones, pero ya ha pasado bastante tiempo desde su último chequeo:

> Ahora tenemos un turno para agosto. *Puede morir antes de eso, pero yo debo esperar* [énfasis nuestro]. Algunas veces él convulsiona dos veces al día, y no tengo medicación. Ahora no tengo suficiente dinero [para pagar el colectivo] para ir al hospital. Los chicos acá siempre están enfermos, con bronquitis, con un resfrío. Ella [refiriéndose a Sofía, su hija de 7 años] siempre tiene dolores de cabeza y de estómago.

Sofía nació con su pierna izquierda significativamente más corta que la derecha: "Cuando me hicieron el primer ultrasonido, me dijeron que ella iba a nacer con problemas. Cuando le dije a los doctores que vivía acá, me dijeron que tenía que hacerme el análisis de plomo. Yo no pude pagar los análisis. Los doctores me dijeron que el plomo pudo haber causado el problema de la pierna". Más tarde, Sofía comenzó a mostrar serias dificultades para aprender: "Ella tiene problemas para recordar los números, le cuesta mucho realmente".

Claudia misma no está en buena forma. Parece que tuviera mucho más que 27 años. Perdió la mitad de sus dientes; siempre parece que está cansada: "Yo tengo todos los síntomas", refiriéndose al posible envenenamiento con plomo, "tengo calambres, sangre que me sale de la nariz, dolores de cabeza. Desde hace tres o cuatro años que me duele todo." Cuando el dolor es insoportable, ella se atiende en la unidad sanitaria del barrio: "Y los médicos me dan alguna aspirina. Yo me siento mejor, pero después el dolor vuelve. Y de noche es peor". Cuando le preguntamos sobre su nivel de plomo en sangre, nos dijo que los estudios son muy caros para ella: "cuestan entre 100 y 200 pesos". Claudia sabe que no es la única que tiene un cuerpo que duele y chicos enfermos. El problema, dice, "está por todos lados":

> Yo realmente no entiendo de números, pero mi sobrino tiene 50% de plomo [refiriéndose a 50ug/dl (microgramos por decilitro) por encima de los 10ug/dl que es lo considerado normal]. Mi hermana puede pagar los estudios porque su marido trabaja en Shell. Ella supo que tenía niveles altos de plomo cuando estaba embarazada [...] Pero ella no está haciendo nada. No se hace ningún tratamiento porque eso le causaría problemas a su marido que trabaja en Shell. Si ellos se llegaran a enterar de que ella se hizo el análisis, él perdería su trabajo. Algunas veces quiero matarla. Es como si ellos tuvieran miedo. Pero creo que los chicos son más importantes. ¿Y la vida de sus hijos? Su hijo no aumenta de peso. Es muy flaco y parece amarillo. Él tiene miles de problemas, pero ella no hace nada. Hay muchos chicos con problemas acá.

Cuando le preguntamos acerca de las reacciones que los doctores tienen ante estos problemas, ella dice: "Nada, no dicen nada. Una de las doctoras se fue porque empezó a sentirse mal y encontró que tenía plomo en la sangre. Ella estuvo sólo por un año, imaginate como debemos estar nosotros." Durante el curso de nuestra conversación, Claudia admite que ella quiere irse de Villa Inflamable, pero también dice que no ha estado fijándose seriamente en esa posibilidad y agrega que "ahora ellos quieren sacar a la gente de acá." Esta afirmación tiene relación con un censo que estuvo realizando personal de la municipalidad en el barrio (a mediados del año 2004) pero que a pesar de que nadie sabe exactamente cuál es el propósito de hacer un nuevo censo (ya habían hecho uno hacía pocos años), todos sospechan que tiene que ver con una posible relocalización.

> Millones de veces prometieron cosas. Dijeron que nos iban a mudar, que nos iban a hacer casas, pero son sólo promesas. Nadie cree nada ya. La gente ya está cansada de eso. Shell quiere estas tierras. Y acá, en esta parte [Barrio El Danubio], somos sólo veintidós familias, de manera que no es tan difícil sacarnos de acá. [...] Yo me quiero ir. Algunas veces no podés estar afuera, el olor apesta, te arde la garganta. Es como gas. Y aunque cierres las puertas, se huele igual.

De qué trata este libro

Como los casi 5 mil habitantes de esta comunidad conformada por los barrios Porst, El Danubio, El Triángulo y la villa adyacente al polo petroquímico Dock Sud, los Romero son víctimas de desgracias ambientales, económicas y políticas, desgracias que ellos no han producido. Sus complicadas vidas ilustran los efectos devastadores que la contaminación ambiental tiene en los jóvenes cuerpos y mentes de los habitantes de Villa Inflamable. La suya es una historia, similar a la de otros territorios de relegación urbana, de cruda necesidad económica que surge de la erosión del trabajo asalariado y de un Estado que, en términos prácticos, casi los ha abandonado. Miedos sobre los orígenes y la evolución de sus enfermedades (y las de sus seres queridos), incertidumbres sobre la probable relocalización del barrio (des)organizada por el Estado local, dudas que surgen de las contradictorias intervenciones de los doctores, sospechas y rumores acerca de las acciones provenientes de la compañía más poderosa del polo petroquímico: Shell. Todo esto abunda en la vida de los Romero y de muchos habitantes del barrio. Producto de casi tres años de etnografía en equipo, este libro describe los peligrosos efectos de la contaminación ambiental en Inflamable y explica los significados (muchas veces contradictorios) que sus habitantes les otorgan. La pregunta más general que este estudio procura abordar es la siguiente: ¿Qué sentido le da la gente al peligro tóxico y cómo lidia con él? La historia de los Romero anticipa la complejidad de la(s) respuesta(s): el sufrimiento físico y psicológico es exacerbado por las dudas, por los desacuerdos, las sospechas, los miedos y la interminable espera.

Rodeada por uno de los polos petroquímicos más grandes del país, por un río altamente contaminado que arrastra los desechos tóxicos de curtiembres y otras muchas industrias, por un incinerador de residuos peligrosos y por un relleno sanitario carente de control estatal, el suelo, el aire y los cursos de agua de Villa Inflamable están altamente contaminados con plomo, cromo, benceno y otros químicos. Así lo están también, como no podía ser de otra forma, sus enfermos y frágiles habitantes. En este libro documentamos este lento desastre humano y ambiental concentrando nuestra atención en la manera en que es vivido por los residentes de Inflamable. A diferencia de lo que buena parte de la literatura sobre los movimientos ambientalistas nos ha enseñado a predecir en casos como éstos (en los que el surgimiento de una conciencia opositora tematiza críticamente las fuentes y efectos de la polución, seguida en muchos casos por la acción colectiva), la historia de Inflamable está atravesada por la confusión, los errores y/o la negación respecto de la toxicidad circundante. La historia de Inflamable también habla de una silenciosa habituación a la contaminación y de una casi completa ausencia de acción colectiva contra la amenaza tóxica.

Este libro busca respuestas a las siguientes (y muy generales, por cierto) preguntas: ¿Cuáles son las maneras en que se experimenta el sufrimiento ambiental? Los habitantes que por años han estado expuestos a un ambiente envenenado, ¿se acostumbran a los olores nocivos, las aguas contaminadas y los suelos sucios? Dado que han estado regularmente expuestos, ¿se han ajustado de alguna manera a las regularidades de un lugar tóxico? ¿Cómo se construye colectivamente el sentido de vivir en un lugar como éste? ¿Cuánto se sabe realmente sobre el hábitat? ¿Cuál es la relación entre este conocimiento, el sufrimiento individual y colectivo y la aparente ausencia de protesta?

El caso de Inflamable nos enseñará que el conocimiento sobre el medio ambiente envenenado no surge exclusiva ni primariamente del mundo físico. El olor nauseabundo de productos químicos, de basurales a cielo abierto, de pantanos repletos con aguas podridas saturadas de desechos tóxicos no son la única influencia en las maneras en que los habitantes entienden el ambiente en el que viven. La experiencia de la realidad contaminada es, mostraremos en este libro, socialmente construida, es decir, producida y productora. Si el lector vuelve con atención a la historia de Claudia, verá que los Romero no están solamente expuestos a contaminantes. En la historia que abre este libro vemos que los doctores y los funcionarios estatales son parte de la vida cotidiana de los habitantes de Inflamable tanto como lo son el plomo y los olores pestilentes. Así también forman parte de sus vidas el personal de Shell y de otras compañías del polo. Maestros y maestras, periodistas, abogados son también parte constitutiva de la organización rutinaria de la vida cotidiana en Inflamable. Juntos, todos estos actores influyen en lo que los residentes saben sobre su lugar. También inciden en lo que ignoran, en lo que quieren saber y en lo que se equivocan. Funcionarios estatales, personal del polo, doctores, maestros y maestras, periodistas, abogados y activistas juntos (pero no de manera cooperativa, dado que sus opiniones y acciones no cuentan de igual manera) dan forma a las experiencias que los habitantes tienen sobre la contaminación y el riesgo.

Los habitantes de Inflamable muchas veces están enojados, otras angustiados, otras confundidos o mistificados acerca del origen, el alcance y los potenciales efectos de la contaminación. Divisiones (entre nuevos y viejos habitantes) y rumores (sobre la siempre "inminente" relocalización del barrio, sobre los sobornos que estarían pagando Shell y otras compañías para acallar a una nunca realizada protesta masiva, etc.) caracterizan a este lugar, así como también lo marcan las frustraciones sobre las (in)acciones del Estado (un subsidio de desempleo que nunca llega, una medicina necesaria que no aparece, un examen de plomo que no es cubierto por el hospital, etcétera). Así como las decepciones abundan en Inflamable, también lo hacen las (a veces un tanto quiméricas) ilusiones: más de un vecino está a la espera de una suma enorme de dinero (varios mencionan cientos de miles de pesos) como compensación por el daño tóxico que las empresas abonarán gracias a los esfuerzos de algún abogado. Confusiones, perplejidades, divisiones, rumores, frustraciones y esperanzas hacen que los habitantes de Inflamable esperen: están esperando un nuevo análisis de sangre, están esperando la relocalización, están esperando que un juez dicte una sentencia que los haga acreedores de grandes sumas de dinero. Este libro construye una crónica de esta espera que es, como demostraremos, una de las maneras en que los habitantes del lugar experimentan la sumisión. En un sentido general entonces, además de un análisis de las vidas en peligro de los residentes de Inflamable, este libro analiza las intrincadas y complejas relaciones entre el sufrimiento ambiental y la dominación social.

Experiencias tóxicas

No somos, ciertamente, los primeros en estudiar las modalidades en que la gente siente y piensa sobre el peligro tóxico.

Hay ya una larga tradición en el trabajo académico (sobre todo en los Estados Unidos pero también en Europa) que trata sobre variaciones de este mismo tema. Un conjunto de estudios ha examinado los orígenes, el desarrollo y los resultados de las acciones organizadas contra la presencia de contaminantes en muchas comunidades de los Estados Unidos y han descrito las visiones y sentimientos de los residentes afectados (Levine, 1982; Bullard, 1993; Brown y Mikkelsen, 1990; Couch y Kroll-Smith, 1991; Checker, 2005; Lerner, 2005; para una reseña reciente sobre la investigación de lo que se ha denominado en los Estados Unidos "racismo ambiental", véase Pellow, 2005). Si bien divergentes en metodología, profundidad analítica y foco empírico, puede extraerse una secuencia típica de la mayoría de estos estudios: la ignorancia colectiva sobre la presencia e impacto de contaminantes se interrumpe cuando un vecino o un grupo de éstos, en muchos casos "furiosas amas de casa convertidas en activistas" (Mazur, 1991, pág. 200), comienzan a relacionar el lugar en el que viven con la existencia de una determinada enfermedad y un peligro tóxico en particular, es decir, identifican un problema individual y un problema colectivo. Brown y Mikkelsen (1990) acuñaron el término "epidemiología popular" para referirse al proceso mediante el cual las víctimas "detectan" una enfermedad (el caso que ellos reconstruyeron fue un *cluster* de leucemia en Woburn, Massachussets). Este proceso de descubrimiento del peligro, de creciente conciencia sobre los efectos de las toxinas circundantes, es usualmente liderado por vecinos que se transforman en militantes: Larry Wilson en Yellow Creek, Key Jones y Kathleen Varady en Pennsylvania, Anne Anderson en Woburn, Margie Richard en Diamond y la ya legendaria Lois Gibbs en Love Canal, son los ejemplos más conocidos de tesoneros líderes,[1] casi heroicos, de "largas y amargas" luchas

---

1. Yellow Creek, en Kentucky y, en mayor medida, Woburn, en Massachussets, y Love Canal en Nueva York son casos bien documentados sobre contaminación del agua que produjo un aumento significativo de casos de cáncer (sobre todo, leucemia) y otras enfermedades. Jones y Varady lideraron la movilización en Pennsylvania contra los efectos del gas

(Clarke, 1989). Esta típica secuencia incluye también un proceso activo de aprendizaje (y de no poca frustración) en el que las víctimas se transforman en hábiles agentes dentro del juego político frente a las autoridades estatales y se convierten en sujetos capaces de absorber muy rápidamente el saber científico.

A pesar de las diferentes orientaciones teóricas, la mayoría de estos relatos parecen compartir un modelo marxista clásico de conciencia: los actores, dañados y físicamente próximos eliminan incertidumbres y adquieren conocimiento crítico mediante la reflexión y la interacción. El resultado es un proceso de "pérdida de la inocencia" (Levine, 1982; Cable y Walsh, 1991) en el que surge, la mayoría de las veces, un consenso sobre el problema y su solución –en casi todas estas crónicas, el actor principal es, no sorpresivamente, "la comunidad afectada"–. En su énfasis en los cambios de la percepción colectiva acerca de la legitimidad y mutabilidad de las condiciones objetivas, la mayoría de estos trabajos retrata, implícita o explícitamente, alguna modalidad de lo que Doug McAdam denominó, hace ya algunos años, "liberación cognitiva", esto es, "la transformación de una desesperanzada sumisión a condiciones opresivas a una emergente celeridad para cuestionar esas condiciones" (1982, pág. 34).

En su dedicación casi exclusiva a casos exitosos (casos en los que las comunidades fueron relocalizadas, compensadas o saneadas) y en su afán por lograr un consenso generalizado sobre las fuentes, los efectos, y las soluciones de la contaminación (comunidades que "descubren" y "conocen" los peligros tóxicos), la literatura existente deja en las sombras casos como el de Inflamable. Mucho de lo que sabemos sobre la injusticia ambiental y el surgimiento de la acción colectiva contra aquellos responsables de la contaminación nos es de poca ayuda analítica a la hora de entender y explicar casos en los que no existen ni un resultado claro ni un

---

radón. Diamond, en el estado de Louisiana, es una comunidad predominantemente afroamericana que linda con una refinería de Shell. Lerner (2005) describe su historia y el origen de la movilización que concluyó en la relocalización parcial de la comunidad.

consenso compartido sobre la propia existencia del problema, y mucho menos de su potencial solución. Cuando nos enfrentamos no a un proceso de "liberación cognitiva" sino a uno caracterizado por la reproducción de la ignorancia de las dudas, los desacuerdos y los miedos, estamos en un territorio poco explorado tanto en términos teóricos como analíticos (véase, Zonabend, 1993).

Mucha gente que vive en Inflamable tiene conocimientos sobre la contaminación circundante, pero interpreta esta información de manera diferente y, a veces, contradictoria. Otra gente ignora o tiene dudas acerca de la presencia de tóxicos en el ambiente y/o acerca de la relación entre la exposición a contaminantes y determinada enfermedad. Cuando nos enfrentamos a casos como el de Inflamable, en el que los habitantes están divididos (no hay tal cosa como "una comunidad") y confundidos en un lugar en el que la ignorancia se reproduce (y el riesgo se normaliza) diariamente, necesitamos recurrir a un marco teórico y analítico alternativo que haga justamente de la perpetuación de la ignorancia, del error y de la confusión sus centros de análisis. En Inflamable, lo que necesita ser comprendido y explicado no es el logro de un "nosotros", y la génesis simultánea de la acción colectiva, sino la reproducción de la incertidumbre, los "malos entendidos", la división, y por último, la inacción en medio de una sostenida amenaza tóxica. Aquello que clama por una explicación es el "no saber", o el "no poder saber", que son una parte constitutiva del sufrimiento ambiental de los habitantes del lugar y de la manera en que funciona la dominación social.

Reiteremos entonces nuestras preguntas: ¿Cómo es que los habitantes que están rutinariamente expuestos al peligro tóxico, cuyas vidas están en permanente riesgo, piensan y sienten su realidad circundante? ¿Qué conjunto de prácticas acompañan estos sentimientos y pensamientos? El trabajo de científicos sociales que han estudiado las secuelas de los desastres (Erikson, 1976; Das, 1995; Petryna, 2002) y de aquellos que han examinado la producción del conocimiento, la ignorancia y el error dentro de las organizaciones

(Vaughan, 1990, 1998, 1999 y 2004; Eden, 2004) guiarán nuestra exploración de los orígenes y las formas de la experiencia tóxica de Inflamable. Estos dos grupos de trabajos (que raramente se utilizan de forma conjunta) acuerdan en que el conocimiento sobre el medio ambiente, lejos de estar moldeado por el mundo físico, está socialmente constituido. Para tomar un ejemplo clásico, en su estudio sobre los traumas individuales y colectivos creados por la inundación en Buffalo Creek,[2] Kai Erikson (1976) examina los efectos de la desaparición del soporte relacional que permitía a los lugareños "camuflar" la presencia constante del peligro. Ausente (o destruida) la "comunidad", afirma Erikson, la gente ya no puede ser más parte "de la conspiración mediante la cual hacemos que un mundo peligroso se parezca a uno seguro" (pág. 240), así como es incapaz de "editar la realidad de tal forma que ésta sea manejable" (ibíd.). Este enmascaramiento del peligro, afirma Erikson, es un trabajo relacional y colectivo.

La labor académica tanto clásica como reciente, en la que aquí abrevamos, no niega la existencia de una realidad (en nuestro caso, contaminada) fuera de lo social. Sin embargo, enfatiza que el conocimiento de esta realidad es:

> Siempre mediado por lo social: lo que los actores ya conocen, lo que quieren conocer, lo que piensan que pueden aprender, y los criterios que utilizan para juzgar y crear nuevo conocimiento, todo esto no lo encontramos en la naturaleza sino que está socialmente determinado (Eden, 2004, pág. 50).[3]

---

2. El 26 de febrero de 1972, 500 millones de litros de aguas repletas de desechos arrasaron el precario muro de contención de una compañía minera y desembocaron violentamente en Buffalo Creek, una comunidad del estrecho valle montañoso en el Oeste de Virginia (Estados Unidos). Después de la inundación, los sobrevivientes fueron hacinados en casas rodantes sin que se tomaran en consideración los lazos que organizaban la comunidad. El resultado fue un trauma colectivo que se extendió mucho más en el tiempo que los traumas individuales causados por la catástrofe. Falta de conexión, desorientación, pérdida de valores, aumento del crimen y emigración fueron algunas de las consecuencias de la súbita destrucción de la comunidad.
3. Todas las citas fueron traducidas por los autores.

Mediando entre el ambiente (contaminado) y las experiencias subjetivas del mismo, encontramos estructuras cognitivas (Di Maggio, 1997), esquemas (Bourdieu, 1977; 1998 y 2000) o marcos (Vaughan, 1998, 2004; Eden, 2004) que, profundamente moldeados por la historia y por intervenciones prácticas y discursivas, le dan forma a lo que la gente (des)conoce, cree que conoce o (mal)interpreta. Con el objetivo de entender y explicar los orígenes y efectos de la confusión en torno a la problemática de la contaminación en Inflamable, debemos adentrarnos en los esquemas mediante los cuales los habitantes piensan y sienten el ambiente que los rodea y descubrir por qué estos marcos funcionan de una manera particular. Otro desastre (en este caso, tecnológico) nos sirve para ilustrar este punto. En el exhaustivo estudio que realizó sobre las secuelas de la catástrofe nuclear en Chernobyl, Adriana Petryna (2002) examina en toda su complejidad el conjunto de intervenciones que mediaron entre el evento y el conocimiento del mismo (y las prácticas vinculadas a éste). Escribe:

> La realidad física del desastre de Chernobyl y su mera magnitud fue inicialmente reconstruida y refractada mediante una serie de omisiones informativas, estrategias técnicas, errores, modelos semi empíricos, cooperaciones internacionales e intervenciones limitadas. En conjunto, estas prácticas inicialmente produjeron la imagen de una realidad biológica conocida, circunscrita y manejable. Luego, estos efectos biológicos fueron vistos como productos políticos; desconocidos técnicos fueron removidos en el período ucraniano subsiguiente [luego de la desaparición de la Unión Soviética] como parte de un nuevo régimen biopolítico. Economías informales de conocimiento, síntomas codificados, acceso médico diferenciado, un continuo de diagnósticos y "vínculos Chernobyl" fueron movilizados y comenzaron a funcionar como instituciones en paralelo al sistema de protección legal oficial del estado (pág. 216).

Para el caso de Inflamable, las implicaciones del trabajo de Petryna son claras: el conocimiento (y la ignorancia) de la polución industrial y de sus efectos en la salud es siempre social y políticamente construido y disputado ("reconstruido y refractado") por todo tipo de actores. En nuestro caso: víctimas, autoridades estatales, doctores, abogados y otros. Este aspecto ocupará un lugar central cuando nos adentremos en los "errores", las negaciones y las mistificaciones (la "confusión tóxica") que, siendo bastante comunes en Inflamable, constituyen el tema principal de nuestro libro.

Inflamable ha estado (y, mientras escribimos esto, aún está) en las noticias. Si se presta cierta atención a los reportes que han publicado los principales diarios argentinos o se miran los programas de televisión que se han producido sobre este lugar, se tenderá a pensar que la gente que allí vive posee muchos conocimientos sobre contaminación. Tres años de observación, entrevistas y conversaciones informales nos hacen pensar que, en realidad, la imagen que los habitantes de Inflamable construyen entre sí (cuando los medios están ausentes) es bastante menos clara, menos "blanca y negra" que la que ofrecen a los visitantes ocasionales. Aquí nos centramos en estos matices (las dudas, las confusiones), sus orígenes y sus efectos. Nos interesa, en particular, lo que no se sabe, lo que se duda, lo que se confunde.

Cierto es que la contaminación ambiental es "inherentemente incierta" (Edelstein, 2003): las exposiciones corporales anteriores, la relación imprecisa entre dosis y respuesta, los efectos sinérgicos y la ambigüedad etiológica, todo esto contribuye al problema de la incertidumbre tanto en la toxicología como en la epidemiología (Brown, Kroll-Smith y Gunter, 2000). Como escribe Phillimore (2000, el resaltado es nuestro):

> Es parte de la propia naturaleza del diseño de investigación epidemiológica que falten piezas del rompecabezas, factores o sesgos desconocidos o mal estimados. Algunos de estos problemas inherentes son más obvios cuando consideramos un factor relevante: *el tiempo*. El concepto de "largo plazo" es relevante aquí en tres sentidos, todos los cuales hacen que los juicios sobre los efectos en la salud sean aún más difíciles: *la larga duración de la mayoría de las exposiciones a la contaminación, el largo plazo que media entre la exposición acumulada y los síntomas médicos y la naturaleza crónica de la enfermedad una vez que los síntomas se manifies-*

tan. Estos plazos largos militan en contra de aseveraciones certeras sobre la causalidad en los estudios epidemiológicos, y hacen que tales afirmaciones sean siempre cualificadas y cautelosas [...] *La cautela puede ser rápidamente interpretada como falta de conclusividad por razones políticas.*

En Inflamable, esta incertidumbre intrínseca está amplificada por las intervenciones prácticas y discursivas del personal del polo, funcionarios estatales, doctores y abogados. Este libro procura desentrañar la lógica social y los resultados de las incertidumbres tóxicas que, junto a la contaminación ambiental, afligen a los residentes de Villa Inflamable.

La etnografía urbana contemporánea en las Américas ha realizado un espléndido trabajo a la hora de describir y explicar las causas y formas experienciales del sufrimiento de residentes en guetos, "inner-cities" (EE.UU.), favelas (Brasil), villas (Argentina), colonias populares (México) y otros enclaves de miseria. Aun en medio de sus problemas (ocasionados por violencias cotidianas, estructurales, simbólicas y/o políticas [Bourgois, 2001]), buena parte de los protagonistas de estos estudios etnográficos aparecen como sujetos coherentes: actores que están contentos o tristes, tienen miedo o coraje y que, de manera más relevante para nuestro caso, saben algo que nosotros, los investigadores, desconocemos (no por nada aún confiamos en informantes que nos guían en lo que para nosotros es desconocido). Muy raras veces leemos textos etnográficos en los que la gente duda, comete errores y se contradice: sujetos que saben y no saben. La incertidumbre y la ignorancia no han estado en el centro de las preocupaciones etnográficas. Y esto es comprensible. Como escribe Murray Last (1992, pág. 393) "es bastante difícil registrar lo que sí conocen" (para algunas excepciones, véase Clarke, 1989; Das, 1995; Vaughan, 1990, 1998). Nuestro estudio se centrará en las maneras complejas, muchas veces incongruentes y otras perplejas, en las que los habitantes de Inflamable le dan sentido a la contaminación circundante. Junto al estudio sobre el sufrimiento ambiental en el barrio, esta investigación procura contribuir a que se pueda comprender y explicar adecuadamente cómo se genera socialmente la confusión y cuáles son sus razones y efectos sociales.

Etnografía cubista

Como quedará claro más adelante, Inflamable es un lugar frecuentemente visitado por extraños (periodistas, abogados, militantes, etcétera). Apenas comenzamos con el trabajo de campo, uno de nosotros (el no residente) se dio cuenta de que los vecinos tenían un discurso de alguna manera prefabricado para los visitantes. Este repertorio narrativo informa a quienes incursionan en el barrio que: "Acá está todo contaminado, acá todo el mundo está enfermo". Para el afuera Inflamable es conocido como un lugar contaminado, horroroso –un periódico nacional publicó una crónica titulada "El infierno existe y está en Dock Sud"–. Los vecinos asumen (creemos que de manera correcta) que los visitantes ocasionales vienen a hablar de la contaminación y de lo tenebrosa que es la vida frente al polo petroquímico.

La presentación del *self* contaminado y dañado que los visitantes confrontan (y con la que se engañan) tiene, en términos de Goffman un *backstage* donde se ven y se escuchan otras dimensiones bastante diferentes de la vida en el lugar. Tuvimos acceso a ese *backstage* no por medio de una (siempre dudosa) transformación camaleónica sino mediante el trabajo etnográfico en equipo; ahí yace la innovación metodológica de este trabajo. Javier Auyero condujo la mayoría de las entrevistas con funcionarios, personal del polo petroquímico, militantes, abogados y también realizó el trabajo de investigación de archivos. Débora Swistun llevó adelante casi todas las entrevistas e historias de vida con los habitantes del lugar. Ella nació en Inflamable y vivió toda su vida allí; gran parte de la gente con la que conversó durante estos dos años y medio son sus vecinos, algunos la conocen desde que nació y son amigos o conocidos de su familia.[4]

Luego de que acordáramos las premisas básicas de la investigación, discutimos sobre los tópicos que cubriríamos en las entrevistas y las estrategias de observación participante. Las entrevistas y las historias de vida fueron llevadas a cabo como conversaciones entre vecinos más que como el típico intercambio de información que, más allá de las mejores intenciones y el más logrado *rapport*, aún predomina en este tipo particular de relación social. La familiaridad y la proximidad social fueron útiles no sólo a los efectos de reducir lo más posible la violencia simbólica que se ejerce mediante la relación entre entrevistador y entrevistado (Bourdieu *et al*, 1999), sino que también, y de manera más valiosa para nuestro caso, sirvieron para evitar el repertorio narrativo preparado que tienen los habitantes de Inflamable para quienes pasan por allí ocasionalmente. Al eludir la muy frecuente intrusión externa que activa esta serie repetida de argumentos y engaña al investigador, y al reducir la distancia y minimizar las asimetrías, en más de una ocasión nuestro trabajo de campo resultó una experiencia similar a la que Pierre Bourdieu y sus colaboradores aseguran haber tenido cuando realizaron las entrevistas que desembocaron en el libro colectivo *La miseria del mundo*. Sentimos haber accedido a una suerte de "autoanálisis, acompañado e inducido" en el cual:

> La persona cuestionada utilizó la oportunidad para un autoexamen y aprovechó el permiso o el incentivo dado por nuestras preguntas o sugerencias para llevar a cabo una tarea de clarificación –gratificante y dolorosa al mismo tiempo– y para expresar, a veces con gran intensidad, experiencias y pensamientos por mucho tiempo reprimidos o no dichos (Bourdieu *et al.*, 1999, pág. 615).

---

4. Sobre la "antropología nativa", véase Ohnuki-Tierney (1984) y Narayan (1993). El trabajo de campo en Inflamable comenzó en marzo del año 2004 y concluyó en septiembre de 2006.

Más allá de la división práctica del trabajo, llevamos a cabo este proyecto en conjunto desde el comienzo y nos enfrentamos, también juntos, a temas bastante complicados. Cuando empezamos tuvimos que aprender varias cuestiones técnicas de la investigación medioambiental y (en menor medida) biomédica. Estudiamos lo suficiente como para darnos cuenta de que las incertidumbres no son solamente propiedad de los vecinos de Inflamable sino que también dominan los saberes de la medicina, la epidemiología y la ingeniería (véase, por ejemplo, Proctor, 1995; Brown y Mikkelsen, 1990; Brown *et al.*, 2000; Davis, 2002; Phillimore *et al.*, 2000). La mayoría de los detalles técnicos (sobre, por ejemplo, los estudios de aire y salud) están aquí relegados a notas al pie o referidos a las fuentes originales, a los efectos de simplificar nuestro texto y hacerlo accesible a un público no necesariamente informado sobre estas cuestiones.

Nuestra investigación pasó por momentos difíciles, no tanto en un sentido intelectual sino más bien afectivo, cuando, por ejemplo, durante el transcurso de las entrevistas o de conversaciones informales, algunas madres extremadamente preocupadas llamaban a sus hijos o hijas para que nos enseñaran sus heridas o desfiguraciones ("Mirá, Gonzalo, mostrale la mano", "Mami, mostrale tu cabeza", "Acá, tocá acá, ves que tiene granos.") y/o dudaban en voz alta sobre los posibles efectos de la contaminación en la precaria salud de sus seres queridos. Inflamable es un lugar ignorado (más allá de las ocasionales visitas), el sufrimiento de sus habitantes es desconocido o caricaturizado; no queríamos en nuestra investigación, en las interacciones personales en las que está basada, reproducir esta indiferencia pública. Hicimos lo mejor que pudimos para aprender a escuchar, mirar, tocar con cuidado y respeto, sabiendo que, como escribe Scheper-Hughes (1994, pág. 28): "Mirar, escuchar, tocar, registrar, pueden ser, si se realizan con cuidado y sensibilidad, actos de fraternidad y hermandad, actos de solidaridad. Sobre todo, es un trabajo de reconocimiento. No mirar, no tocar, no registrar, pueden ser actos hostiles, un acto de indiferencia y de mirar hacia otro lado". También hicimos lo mejor que pudimos por evitar ser percibidos como aquel visitante ocasional que aparece en el barrio y rápidamente desaparece sin dejar rastro. Este libro puede habernos tomado más tiempo de lo que la gente que nos abrió las puertas de sus modestas casas esperaba, pero esperamos que sea visto como una prueba de que su buena voluntad y sus muchas veces dolorosos testimonios no han sido perdidos.

Junto a las entrevistas e historias de vida, utilizamos el recurso de la fotografía para tener un mejor acceso a las visiones (y experiencias) que los residentes tienen de su hábitat. Sacando ventaja del "extraordinario potencial de la cámara" (Harper, 2003, pág. 242) –y basándonos en algunas herramientas de la sociología visual (Becker, 1995; Wagner, 2001)–, les pedimos a los estudiantes de la escuela local que tomaran fotografías del barrio (de los aspectos que les gustan de él y de los que les disgustan) y las discutimos con ellos.

"Antes de Margaret Mead," escribe Nancy Scheper-Hu-ghes (2005, pág. 43):

> Los antropólogos trataban a los niños más o menos de la misma manera en que Evans-Pritchard trataba al ganado en la sociedad Nuer –omnipresentes, parte del paisaje de la vida cotidiana, pero, de otra manera, mudos e inútiles, incapaces de enseñarnos algo significativo sobre la sociedad y cultura "real", esto es, adulta. Mead cuestionó este paradigma victoriano de los niños y niñas como visibles pero raramente escuchados. Ella misma parecía leer el mundo por medio de los ojos y las sensibilidades de los niños y los adolescentes.

Siguiendo a Mead (y a Scheper-Hughes), utilizamos las imágenes producidas por los estudiantes de Inflamable (y sus voces) como una ventana hacia la experiencia vivida de la contaminación. Un conjunto de frases nos fueron repetidas en varias ocasiones cuando los estudiantes de la escuela local hablaban de las fotos: "¿Ves toda esta basura? Está en frente de casa", "¿Ves esta laguna? Es el fondo de la casa de mi tío". "Mirá todo este barro, todo contaminado. Acá jugamos." Estas fotos (y las voces que les otorgan el necesario contexto) serán aquí examinadas como "sociogramas legos" (Bourdieu y Bourdieu, 2004), esto es, representaciones diagramáticas de las maneras en que ellos y ellas perciben las relaciones con el medio ambiente y con el polo petroquímico. Aquí utilizaremos esas representaciones para presentar Villa Inflamable.

El análisis que sigue está basado en imágenes, entrevistas, historias de vida y, sobre todo, en la observación directa. En otras palabras, este texto está fundamentado en el trabajo etnográfico tradicional, aquí entendido como "investigación social basada en la observación cercana, en el terreno, de personas e instituciones en tiempo y espacio reales, en la que el investigador se inserta cerca (o dentro) del fenómeno a estudiar a los efectos de detectar cómo y por qué los actores en escena actúan, piensan y sienten" (Wacquant, 2004, pág. 5). Poniendo en práctica el criterio de evidencia que es normalmente utilizado en la investigación etnográfica (Becker, 1970; Katz, 1982), le damos más valor, en tanto evidencia, a la conducta que fuimos capaces de observar que al comportamiento que los entrevistados dicen haber tenido, y a los actos individuales o patrones de conducta contados por muchos observadores que a aquél los relatados por uno solo. Si bien concentramos nuestra atención en fenómenos observables, pronto descubrimos que los rumores (sobre cosas que han ocurrido o que están a punto de ocurrir) son parte constitutiva de la vida cotidiana en el barrio. Éste es un lugar minado no sólo por tóxicos sino por historias (no siempre verificables) sobre las acciones (pasadas, presentes y futuras) del Estado local, de las compañías del polo (sobre todo, aunque no exclusivamente, de Shell), de abogados y periodistas. En los casos en que fuimos capaces de corroborar la veracidad de los rumores, lo consignamos en el texto. En otros casos, algunas historias no pudieron ser verificadas (por ejemplo, aquellas que hablan de sobornos pagados por alguna compañía del polo a periodistas, para evitar la publicación de noticias). Sin embargo, le prestamos atención analítica a estos relatos porque forman una parte esencial del modo de vivir en este lugar riesgoso, sabiendo muy bien, que en el análisis de las experiencias de la contaminación, lo más relevante no es lo que en realidad *son y hacen* esta o aquella empresa, este o aquel funcionario, sino cómo son *percibidos*.

Más de un vecino cree que las actividades que Shell realiza en el barrio (la construcción de un centro de salud, la distribución de fondos para la escuela local, etc.) tienen oscuras intenciones: Shell hace lo que hace "para cubrir" o, en una frase que escuchamos en más de una ocasión: "nos curan porque nos contaminan". Otros están convencidos de que los funcionarios del gobierno permiten que esto suceda porque "son todos corruptos, hay mucha plata metida en esto". Nuestro propósito en este libro no es construir una acusación en contra de las compañías que conforman el polo petroquímico (Shell, Repsol, Petrobras y otras) o de los funcionarios. Ocasionalmente, sin embargo, les prestamos atención a estas acusaciones de malas intenciones porque, repetimos, pensamos que son parte constitutiva de la manera en que los habitantes sienten y piensan sobre su (contaminado) lugar así como un elemento crucial a la hora de entender su sufrimiento. Los residentes de Inflamable no sólo están experimentando una suerte de asalto tóxico; están, como esperamos quede claro a lo largo de este texto, confundidos y frustrados con las (in)acciones del Estado, perplejos frente a lo que conciben como acciones contradictorias de los doctores y personal del polo, esperanzados pero también enojados por los periodistas que vienen y "nos usan" y confiados (pero, a su vez, con serias sospechas) en los abogados. En lo que sigue, nos centramos en la contaminación objetiva y en la experiencia subjetiva a los efectos de comprender mejor *qué significa vivir en peligro*.

Nuestra manera de aprehender y representar la experiencia tóxica de Inflamable abreva en una de las lecciones principales del cubismo: la esencia de un objeto es captada de mejor (y quizás de única) manera si la mostramos desde distintos puntos de vista, aún más cuando el objeto que pretendemos abordar es algo tan elusivo como la confusa experiencia tóxica. Nuestra investigación no sólo se basa en diferentes estrategias de campo (observación participante, historias de vida, entrevistas en profundidad y fotografías) sino en diversas tradiciones teóricas y analíticas. Los autores vivimos en lugares distintos (Javier en los suburbios de Nueva York, Débora en Villa Inflamable) y también provenimos de distintas disciplinas (sociología y antropología). Ambos, sin embargo, creemos en las virtudes y potencialidades de la colaboración interdisciplinaria (Bourdieu, *et al.* 1999; Willis y Trondman, 2000), en particular para estudiar las modalidades, causas y experiencias del sufrimiento social (Kleinman, 1998; Kleinman, Das y Lock, 1997).

Etnografía cubista es quizás la mejor manera de nombrar el trabajo que sigue, tanto por la complementación de estrategias de campo y tradiciones disciplinarias como por la manera en que decidimos presentar la evidencia (combinando estilos analíticos y narrativos con notas de campo y partes de entrevistas escasamente editadas).[5]

Sobre el sufrimiento ambiental

Recientemente, el sufrimiento social ha adquirido una largamente merecida atención de las ciencias sociales, particularmente de la antropología y la sociología. Las causas y las experiencias del sufrimiento han sido examinadas desde una gran variedad de perspectivas y desde una diversa gama de universos empíricos (Kleinman, 1988; Kleinman, Das y Lock, 1997; Das, 1995; Klinenberg, 2002; Todeschini, 2001; Bourdieu, *et al.* 1999; Sayad, 2004; Ashforth, 2005; para un resumen de la literatura, ver Wilkinson, 2005). El sufrimiento, la literatura concuerda, es una experiencia destructiva, algo que está "en contra nuestro" (Wilkinson, ibíd.). Nuestra

---

5. Como ya mencionamos en un trabajo anterior (Auyero, 2007), uno de nosotros escuchó el término "etnografía cubista" en una conferencia a cargo de Jack Katz. Buena parte de la inspiración para combinar estrategias narrativas proviene del libro *Body & Soul*, de Loïc Wacquant.

atención no está centrada en el sufrimiento como "experiencia individual" (Scarry, 1987) sino en las experiencias de la aflicción que son "activamente creadas y distribuidas por el orden social" (Das, 1995; ver también Klinenberg, 2002); el sufrimiento como un "efecto del lugar" (sufrimiento social) (Bourdieu *et al.*, 1999). Si bien no abundan los análisis sistemáticos y profundos de las experiencias del sufrimiento (Wilkinson, 2005), la antropología médica y parte del trabajo etnográfico en la sociología nos provee de descripciones luminosas y vívidas de lo que el padecimiento le hace a la gente y de cómo la gente le da sentido (Bourgois, 2003; Scheper-Hughes, 1994; Farmer, 2003). Este proceso de "hacer sentido" del sufrimiento (el centro mismo de nuestra investigación) no es un proceso individual. Si bien el sufrimiento está localizado en los cuerpos individuales, estos "tienen la estampa de la autoridad societal sobre los cuerpos dóciles de sus miembros" (Das, 1995, pág. 138). Quienes sufren no experimentan su situación como aislados Robinson Crusoes sino en contextos relacionales y discursivos específicos. Estos contextos le dan forma a las maneras en que los actores viven y entienden su dolor (Kleinman, 1988; Das, 1995).

Nuestro libro concentra su atención en el sufrimiento ambiental –una forma particular de sufrimiento social causado por las acciones contaminantes concretas de actores específicos– y en los universos interactivos y discursivos específicos que le dan forma a la experiencia de este sufrimiento. El padecimiento de los habitantes de Inflamable es a veces apropiado y otras negado o amplificado por instituciones particulares (usualmente a los efectos de su propia legitimación [Das, ibíd.]). Examinaremos de cerca las maneras en que los residentes le dan sentido a su sufrimiento en constante diálogo con estas instituciones.

El sufrimiento ambiental está lejos de ser una preocupación académica dominante. El hábitat miserable en el que viven los pobres urbanos es una preocupación más bien marginal, sino ausente entre las investigaciones de la pobreza en América Latina, sobre todo aquellas realizadas desde los

Estados Unidos. Una reciente reseña bastante comprensiva de los estudios de pobreza y marginalidad en el subcontinente latinoamericano (Hoffman y Centeno, 2003) y un simposio sobre la historia y estado actual de los estudios sobre marginalidad y exclusión en América Latina publicado en una de las revistas académicas más importantes en el campo de los estudios latinoamericanos (Gonzáles de la Rocha *et al.*, 2004) no hacen mención alguna a factores ambientales como determinantes centrales de la reproducción de la destitución y la desigualdad.[6]

Con pocas notables excepciones (Scheper-Hughes, 1994; Farmer, 2004), las etnografías de la pobreza y la marginalidad en América Latina también han fracasado a la hora de tomar en cuenta un dato simple pero esencial: los pobres no respiran el mismo aire, no toman la misma agua, ni juegan en la misma tierra que otros. Sus vidas no transcurren en un espacio indiferenciado sino en un ambiente, en un terreno usualmente contaminado que tiene consecuencias graves para su salud presente y para sus capacidades futuras. Los estudios académicos (los nuestros incluidos) en general, han permanecido silenciosos sobre esta crucial dimensión. Éste es un silencio llamativo dado el prominente lugar que el contexto material de la vida de los pobres ha tenido no sólo en un texto fundacional en estudios de la pobreza y la desigualdad como fue el libro de Friedrich Engels, *The Conditions of the Working Class in England* (1844), sino también y más específicamente, en uno de los trabajos fundamentales en el estudio de la vida de los parias urbanos de las ciudades latinoamericanas, *Child of the Dark. The Diary of Carolina Maria de Jesus*. En ese trabajo, Carolina, una habitante de una favela de San Pablo

---

6. Para un examen de los vínculos entre medio ambiente y desigualdad, véanse los numerosos estudios sobre lo que se da en llamar "racismo ambiental" (Bullard, 1990; Pellow, 2002); para una reciente reseña de la literatura antropológica, véase Nguyen y Peschard (2003). En cuanto a la literatura en salud pública, véase Evans y Kantrowitz (2002). Para una comprensiva compilación de los estudios sociológicos e históricos del impacto del medio ambiente en la salud, véase Kroll-Smith *et al.* (2000).

durante los años cincuenta, se refiere a su barrio con palabras que sonarán familiares a los habitantes de Inflamable: "esto es un basurero [...] sólo los chanchos pueden vivir en un lugar como éste" (pág. 27). En su libro, Carolina habla de las aguas podridas y de lo que ella, con ironía, llama "el perfume" del "barro podrido y los excrementos" (p. 40) como características que definen la vida en los enclaves urbanos de pobreza. Medio siglo más tarde, los pobres de las ciudades aún están rodeados de basura, olores repugnantes y terrenos y aguas contaminadas. Nuestra etnografía examina los efectos que tiene, sobre la vida de los destituidos, vivir en el medio de la basura y el veneno y las maneras en que estos individuos sienten, piensan y construyen un sentido colectivo sobre la vida contaminada.

El plan de este libro

El primer capítulo de este libro ofrece una reseña del estado actual de las villas y asentamientos precarios en Buenos Aires y sitúa su expansión en contextos regionales y globales. El capítulo 2 comienza con un tour visual de Inflamable. Les pedimos a trece estudiantes de la escuela local que se dividieran en grupos (cinco grupos de dos y uno de tres estudiantes) y les dimos cámaras descartables con 27 fotos cada una. Se les sugirió que tomaran la mitad de las fotos sobre cosas que les gustaran del barrio y la otra mitad sobre cosas que no les gustaran. No les dimos ninguna otra indicación acerca del contenido de las fotos. Todos nos devolvieron las cámaras con un total de 134 fotos. Seleccionamos las que representaban mejor los temas recurrentes en todo el grupo. El capítulo se basa luego en la historia oral y los documentos de archivo que sirven para reconstruir la historia de Villa Inflamable. Tam-bién utilizamos el estudio epidemiológico llevado a cabo entre los años 2001 y 2003, y otros reportes elaborados por agencias estatales e investigadores privados a los efectos de describir el medio ambiente tóxico en el que los habitantes viven cotidianamente. Dos son los temas que dominan la historia y el presente del barrio: una relación orgánica con el Polo Petroquímico Dock Sud (fundamentalmente con Shell, la principal empresa allí) y una creciente degradación ambiental. Las visiones sobre el polo y sobre la contaminación están marcadas por las sospechas, las dudas y las confusiones.

Esta "incertidumbre tóxica" es el tema de los dos siguientes capítulos. En el capítulo 3, indagamos en las maneras en que parte del personal de Shell siente y piensa sobre sus vecinos. Analizamos las contradicciones internas del discurso dominante ya que tiene importantes resonancias en las maneras en que los habitantes de Inflamable le dan sentido al peligro tóxico. El capítulo 4 presenta las confusiones y las dudas que definen las visiones nativas y procura desentrañar y explicar la génesis de la confusión y la incertidumbre, examinando las acciones y los discursos de otros actores que intervienen en Inflamable (doctores, funcionarios, periodistas). Este capítulo analiza lo que denominamos la "labor de confusión" que le da forma a buena parte de las experiencias de sufrimiento ambiental de los habitantes del barrio.

El capítulo 5 describe "la lucha contra el cable", la única protesta prolongada organizada contra una de las empresas del polo (Central Dock Sud). Esta acción colectiva de siete meses de duración no pudo interrumpir la instalación de cables de alto voltaje que, según los vecinos, tienen un dañino impacto en la salud. Sin embargo, la protesta (junto al estudio epidemiológico) trajo un gran número de abogados (y de acciones legales contra las compañías) al barrio. Este capítulo centra la atención en un aspecto de la relación entre vecinos y abogados que es fundamental para entender la experiencia tóxica en Inflamable marcada por las esperanzas y las frustraciones que los vecinos depositan en compensaciones legales futuras. Este dinero (soñado por algunos en cientos de miles de dólares) les permitirá, según creen estos vecinos, abandonar el hábitat contaminado. En este capítulo mostramos que, junto al asalto tóxico, los vecinos están experimentando la dominación social. Esta experiencia de dominación está marcada por un tiempo de espera interminable: a los abogados para que vayan a decir qué sucede, a los jueces para que dicten sentencia y a los funcionarios para que se decidan a relocalizarlos.

En las conclusiones volvemos a la literatura sobre sufrimiento social y elaboramos lo que creemos que nuestro doble foco etnográfico (la experiencia tóxica y la confusión colectiva) puede sumar a los debates sobre las experiencias del sufrimiento. El caso de Inflamable, argumentaremos, nos puede servir para inspeccionar los complejos vínculos entre el sufrimiento material y la dominación simbólica.

CAPÍTULO 1
Villas del Riachuelo: la vida en medio del peligro, la basura y el veneno

Todas las grandes ciudades poseen uno o más slums *[asentamientos] donde la clase trabajadora vive hacinada. En verdad, la pobreza casi siempre habita en ocultos corredores cercanos a los palacios de los ricos; pero en general se les ha asignado un territorio separado donde, lejos de la vista de las clases más afortunadas, deben sobrevivir como pueden [...] Las calles están generalmente sin pavimentar, sucias, llenas de desechos vegetales y animales, sin cloacas ni desagües, sólo inmundas lagunas estancadas.*

FRIEDRICH ENGELS, *La situación de la clase obrera en Inglaterra.*[1]

A cincuenta años, aproximadamente, de su surgimiento en el paisaje urbano, las villas son un espacio permanente (y en expansión) de la geografía argentina. A pesar de su presencia y crecimiento, no es mucho lo que sabemos sobre estos territorios de relegación urbana.[2] Este capítulo ofrece una descripción general de su propagación en la zona metropolitana de Buenos Aires y luego se centra en dos de sus características definitorias aunque inexploradas: el ambiente degradado y sus perniciosos efectos en la salud. Nos ocuparemos de esos temas en los capítulos subsiguientes.

Durante las últimas cinco décadas en las que Buenos Aires fue testigo de la primera aparición de los "ranchos de lata"

---

1. Todas las citas fueron traducidas por los autores.
2. El reciente y abarcador estudio de Cravino (2006) constituye la única excepción real a esta falta de conocimiento fáctico sobre el estado de las villas de Buenos Aires.

urbanos, han existido numerosos intentos por comprender lo que sucede en el interior de estos enclaves de miseria situados en el último escalón de la jerarquía espacial urbana: la película realista de Lucas Demare, *Detrás de un largo muro* (1957), fue un primer intento por retratar la vida de los villeros. El antiperonismo de Demare no debería quitar mérito a su esfuerzo por describir la diversidad de la vida en la villa, sus esperanzas, sus conflictos, sus miserias. El libro de Bernardo Verbitsky, *Villa miseria también es América* (a quienes algunos le atribuyen la acuñación del término villa miseria), también intenta (creemos que en buena medida con éxito) presentar un retrato íntimo de las vidas de los destituidos urbanos. Sería interesante contrastar el libro de Verbitsky con el reciente texto de Cristián Alarcón (2003), *Cuando me muera quiero que me toquen cumbia*, para obtener un ejemplo bastante claro de la transición de las villas de la "esperanza" hacia los asentamientos de la "desesperanza", utilizando una expresión de Susan Eckstein (1990). El intenso relato de Alarcón acerca de la vida y la muerte del Frente Vital, de sus amigos y familiares, de los padecimientos cotidianos y de las limitadas aspiraciones de los habitantes, nos proporciona la crónica mejor lograda de la vida diaria en la villa contemporánea. El retrato de las "vidas de pibes chorros" da cuenta del ritmo, el dolor, los sueños de la gente que reside en estos espacios repletos de privaciones acumuladas donde las esperanzas de movilidad social ascendente (y movilidad geográfica hacia afuera de estos enclaves), que caracterizaban a los villeros de los años cincuenta descriptos por Verbitsky (por no hablar de los sueños de estos mismos sujetos durante los años setenta, examinados por Hugo Ratier), han prácticamente desaparecido (para una excelente y sugestiva reseña del libro de Alarcón, véase Rubinich, 2006).

Sin embargo, y a pesar de estos logrados intentos, uno difícilmente puede pensar en una forma urbana que fue (y aún lo es) depositaria de tantos malos entendidos e inadecuadas representaciones. Las representaciones dominantes retratan las villas como el mejor ejemplo del fracaso del populismo peronista durante los años cincuenta, como sitios en donde los sueños modernizadores de los sesenta iban a verse realizados, como cunas donde germinaría la revolución en esos años, como obstáculos al progreso durante los años de la brutal última dictadura, como lugares de inmoralidad, crimen y ausencia de ley, en la Argentina contemporánea. Actualmente, una conversación que tenga como tema la inseguridad urbana difícilmente deje de lado la mención de la "villa" y/o los "villeros" (términos que se utilizan para toda área pobre, sea villa o no) como una amenaza simbólica (pero no por eso menos real) que debe ser evitada. En la Argentina de hoy, fragmentada y polarizada, las villas son los lugares a donde no ir, sitios de crimen que deben ser temidos y apartados. En un clima en el que la seguridad urbana es un tema central en la prensa escrita y una de las preocupaciones ciudadanas más importantes, la villa aparece como aquel desconocido e impenetrable origen de la actividad delictiva. Expertos en las "causas y soluciones" de la (in)seguridad urbana constantemente se refieren al "problema de la villa". Un ejemplo basta: hace unos pocos años, un ex jefe de la policía de Nueva York, William Bratton, visitó Buenos Aires contratado por uno de los candidatos a la jefatura de gobierno porteña para "colaborar en los planes del candidato para combatir la inseguridad en la ciudad". Durante su primer día en Buenos Aires, el "padre de la tolerancia cero" visitó una comisaría porteña y dos de las villas más grandes de la capital. Esta selección demuestra que los villeros argentinos no están solos en tanto sujetos estigmatizados. Las villas y sus residentes de todas partes "típicamente son retratados desde arriba y desde lejos en tonos sombríos y monocromáticos" (Wacquant, 2007, pág. 1); sus lugares, descriptos como repletos de "peligro, desgracias, degradación, criminalidad, horror, abuso y miedo" (Neuwirth, 2005, pág. 16).

Las villas son versiones argentinas de un fenómeno crecientemente global. Durante las últimas tres décadas, de acuerdo a un reporte de las Naciones Unidas (United Nations Human Settlements Programme, [UNHSP], 2003), la presencia de *slums* (término que para los investigadores de UN-Habitat[3] abarca villas, conventillos, asentamientos y otros tipos de viviendas informales) en las zonas metropolitanas del planeta se ha multiplicado exponencialmente. De acuerdo a este reporte, en el año 2001 cerca de un tercio de la población de América Latina vivía en *slums*. Tomando como fuente a este mismo informe, el crítico social Mike Davis (2006, pág. 17) describe las últimas tres décadas como una época caracterizada por la "producción masiva de villas" y predice que:

> Las ciudades del futuro, más que hechas de acero y vidrio como anticiparon tempranas generaciones de urbanistas, serán en cambio construidas de ladrillo crudo, paja, plástico reciclado, bloques de cemento y madera. Más que ciudades de luz elevándose hacia el cielo, buena parte del mundo urbano del siglo XXI se asienta en la mugre, rodeado de contaminación, excremento y decadencia (pág. 19).

Entre los años 2001 y 2006, la población que habita en viviendas precarias del Gran Buenos Aires prácticamente se duplicó. De acuerdo con un estudio dirigido por geógrafos de la Universidad de General Sarmiento,[4] la población en villas y asentamientos creció de 638.657 habitantes, que vivían en 385 asentamientos precarios en el año 2001, a un estimado de 1.144.500, que viven en mil asentamientos precarios en el año 2006.[5] De acuerdo a las estimaciones de Cravino

---

3. Programa de Asentamientos Humanos de las Naciones Unidas con oficina central en Nairobi (Kenya), puesto en funcionamiento en 1978 con el objetivo de promover ciudades y poblados social y ambientalmente sustentables y proveer así viviendas adecuadas para todos.
4. "Se triplicaron las villas en el conurbano", *La Nación*, 10 de julio de 2006.
5. Refiriéndose a la dramática expansión de las villas en Buenos Aires, el ministro de Desarrollo Social de esa provincia apuntó a una de las características centrales de la vida en las villas: "Todos los días tenemos noticias de un nuevo asentamiento. En sólo un distrito (Lomas de Zamora) encontramos seis villas sobre basurales" ("Solá: 'el Estado está adormecido' ", *La Nación*, 27 de septiembre de 2004).

(2007a), el 10% de la población de la zona metropolitana de Buenos Aires vive en asentamientos informales.[6]

Este aumento de villas miseria es una manifestación concreta de la división del espacio metropolitano de Buenos Aires, fragmentación que refleja, y a la vez refuerza, crecientes niveles de desigualdad social (Pirez, 2001). Unas pocas cifras bastan para ilustrar cómo ha aumentado la disparidad entre los argentinos. Durante las últimas tres décadas, ha habido un creciente deterioro de la distribución del ingreso en el país que resultó en "una exacerbación de la desigualdad evidenciada en el aumento del coeficiente gini de 0,36 en 1974 a 0,51 en 2000" (Altimir *et al.*, 2002, pág. 54). Los altos índices de desigualdad fueron de la mano del aumento del desempleo y de la drástica elevación de los niveles de pobreza. Si tomamos las últimas cifras disponibles del Instituto Nacional de Estadística y Censos (Indec) veremos que los crecientes niveles de pobreza son evidentes. En 1986 9,1% de los hogares y 12,7% de la población vivían bajo la línea de pobreza en el Gran Buenos Aires. En el año 2002, estos números eran 37,7% y 49,7% respectivamente. En otras palabras, hace veinte años, un poco menos de 1 de cada 10 bonaerenses era pobre; hoy 1 de cada 2 vive debajo de la línea de pobreza.

De manera poco sorprendente, estas desigualdades se inscriben en el espacio de forma bastante contundente: "Corredores de modernidad y riqueza" (Pirez, 2001), barrios cerrados en los que habitan las clases medias altas y altas, conectados a zonas de la ciudad por medio de rápidas autopistas (Svampa, 2001) han surgido junto a los enclaves de destitución. Los barrios privados y las villas encapsulan hoy los extremos de pobreza y desigualdad que caracterizan a la Argentina contemporánea.

Pero estas nuevas villas son diferentes a sus parientes urbanos de los años cuarenta a sesenta. Las villas que emergieron

---

6. Sobre las políticas del gobierno de la Ciudad de Buenos Aires y de la provincia de Buenos Aires hacia asentamientos y villas véase Cravino (2006 y 2007b).

(con distinto nombre y análogas formas) en Buenos Aires y en muchas otras áreas metropolitanas de América Latina entre aquellos años estaban íntimamente relacionadas con la industrialización por sustitución de importaciones y la migración interna masiva (Grillo et al., 1995; Yujnovsky, 1984; Lomnitz, 1975; Portés, 1972).[7] La explosión de las villas en la Argentina contemporánea, por el contrario, está profundamente imbricada con las políticas de ajuste estructural y la desindustrialización. Como en muchas otras partes del mundo, el crecimiento de los asentamientos precarios queda divorciado de la industrialización (Rao, 2006).

Las villas, los asentamientos y otros núcleos poblacionales en situación de precariedad, están asociados, tanto en Argentina como en el resto del mundo, con riesgos sanitarios y condiciones de vida insalubres; los efectos dañinos para la salud que provoca vivir allí han sido repetidamente señalados (Stillwaggon, 1998), si bien "muy poca investigación ha sido conducida sobre la salud ambiental [en los *slums*], especialmente sobre los riesgos que surgen de la sinergia de múltiples toxinas y contaminantes en el mismo lugar" (Davis, 2006, pág. 129). Presentaremos esta dimensión un tanto descuidada de la vida en la villa, que constituirá el tema principal de las páginas que siguen.

Las villas en la Argentina, y en el resto de la región están caracterizadas por condiciones de vida insalubres y por estar ubicadas en zonas de riesgo. Como lo describen los investigadores de *The Challenge of Slums* (UNHSP, 2003, pág. 11):

> Condiciones de vida insalubres son el resultado de la falta de servicios básicos, con cloacas a cielo abierto, falta de pasajes, deposición de basura sin control, medio ambientes contaminados, etcétera. Las casas han sido construidas en áreas peligrosas o en tierras no aptas para el asentamiento, como zonas de inundación, próximas a plantas industriales con emisiones tóxicas o zonas de deposición de basura.

---

7. Este proceso se describe en el trabajo de Javier Auyero (2001): *Poor People's Politics*, Durham, Duke University Press.

Mike Davis describe la ecología de la villa en líneas similares: "ubicación peligrosa, amenazante para la salud, es la definición geográfica del típico asentamiento precario; [...] [sus habitantes] son pioneros en pantanos, zonas inundables, laderas de volcanes, laderas inestables, montañas de basura, depósitos con desechos químicos". El periodista Robert Neuwirth (2005) también señala lo que parece ser una característica importante en muchas villas de Buenos Aires: la vida ocurre en medio de los desechos industriales y humanos.

En el lenguaje más técnico de los investigadores de UN-Habitat se habla de las villas como "receptores de las externalidades negativas" de la ciudad:

> La acumulación del desecho sólido en un basural de la ciudad representa una de esas externalidades negativas. Esa tierra tiene poco o ningún valor económico y, por lo tanto, está abierta a una ocupación "temporaria" por parte de familias de migrantes sin otro lugar a dónde ir. Esos asentamientos producen riesgos enormes para los residentes por enfermedad, por la contaminación del agua, aire y suelo y por el probable colapso del propio basural.

La enorme mayoría de la gente que vive en las villas no accede a la recolección regular de basura. Como escribe Stillwaggon (1998, pág. 10) en su reseña de las condiciones de salud de los pobres de nuestro país: "La basura se acumula en las calles, un paraíso para los vectores de enfermedad como moscas y ratas. [...] Los perros y los gatos cirujean en la basura y llevan las enfermedades a las casas". Esta autora también señala que los objetivos preferidos de la tuberculosis infantil y del sarampión son los niños y niñas de las villas (el 80% de los casos se manifiesta entre éstos). Las ratas y los perros reaparecerán en la historia que contamos en los capítulos que siguen. También lo hará la basura, porque Inflamable no sólo carece de recolección regular de residuos sino que la zona misma funciona como un basural clandestino a cielo abierto.

Una parte significativa del crecimiento de las villas en Buenos Aires avanzó sobre la altamente contaminada rivera del Riachuelo. De acuerdo a un conteo reciente realizado por la oficina del Ombudsman Federal existen trece villas en el curso inferior de la rivera. Según la Organización Panamericana de la Salud (PAHO, 1990, citado en Stillwaggon, 1998, pág. 110), este río "recibe grandes cantidades de metales pesados y compuestos orgánicos provenientes de la descarga industrial". Toneladas de desechos tóxicos, solventes diluidos (arrojados por frigoríficos, industrias químicas, curtiembres y hogares), así como también plomo y cadmio son tirados al curso muerto del Riachuelo de manera consuetudinaria. La investigadora Gabriela Merlinsky (2007, pág. 4) define al Riachuelo como un "colector de efluentes industriales". El Ombudsman lo describe como el "peor desastre ecológico del país".[8]

Hace menos de una década, uno de nosotros realizó un trabajo etnográfico en Villa Jardín, uno de los asentamientos más grandes del conurbano ubicado en una zona inundable en las adyacencias del Riachuelo cercana a un enorme basural a cielo abierto. En el ambiente extremadamente insalubre de Villa Jardín, sus habitantes sufrían con altísima frecuencia enfermedades respiratorias, gastrointestinales, parasitosis y de la piel. Las bacterias y los parásitos son presencias comunes en el agua contaminada que toman los habitantes, siendo ésta una de las causas principales de la prevalencia de diarrea, sobre todo durante el verano. En el invierno, la bronquitis, la angina y la neumonía afectan con particular asiduidad a los residentes de Villa Jardín y de muchas otras villas. Como nos comentaba un doctor de la zona: "Son los mismos gérmenes, pero las condiciones son distintas".

Inflamable se ubica en la ribera sur de la boca del Riachuelo, también conocida como una cloaca gigante al aire libre.[9] De acuerdo al detallado reporte del Ombudsman Federal, esta zona contiene altas concentraciones de arsénico, cadmio,

---

8. "El Riachuelo mata en silencio", *Clarín*, 12 de mayo de 2003.
9. Para una conmovedora crónica de la vida en la ribera del Riachuelo, véase Alarcón (2006). Para una historia cultural del paisaje del Riachuelo, véase Silvestri (2004).

cromo, mercurio y fenoles. Más importante para el relato que sigue es el hecho de que la boca del Riachuelo tiene concentraciones excesivas de plomo.

En su abarcador estudio del estado y futuro del "planeta de villas", Mike Davis (2006) afirma que: "Casi todas las grandes ciudades del Tercer Mundo (al menos aquellas con alguna base industrial) tienen un dantesco distrito de villas sumido en la contaminación y ubicado cerca de cañerías, plantas químicas y refinerías: Iztapalaba en México, Cubatao en San Pablo, Belford Boxo en Río, Cibubur en Jakarta, el borde sur en Túnez, el suroeste de Alejandría". En los próximos dos capítulos demostraremos por qué tendríamos que sumar a Villa Inflamable a esta nefasta lista.

CAPÍTULO 2
El polo y el barrio

Villa Inflamable está localizada en el partido de Avellaneda, justo sobre el límite sudeste de la ciudad de Buenos Aires, adyacente a uno de los polos industriales más grandes del país, el Polo Petroquímico y Puerto Dock Sud. La primera refinería de petróleo de Shell se instaló allí en 1931. Desde entonces, otras compañías han llegado al polo. Al momento de escribir este libro, Shell era la planta más importante en el lugar. Hay allí otra refinería de petróleo (DAPSA), tres plantas de almacenamiento de combustibles y derivados del petróleo (Petrobras, Repsol-YPF y Petrolera Cono Sur), varias plantas que almacenan productos químicos (TAGSA, Antívari, Dow Química, Solvay Indupa, Materia, Orvol, Cooperativa VDB y Pamsa), una planta que fabrica productos químicos (Meranol), una terminal de containers (Exolgan) y una planta termo eléctrica (Central Dock Sud) (Dorado, 2006, pág. 4).

El nombre "Inflamable" es bastante reciente. El 28 de junio de 1984 hubo un incendio a bordo del buque petrolero Perito Moreno en el canal de Dock Sud. El barco explotó y produjo, según las propias palabras de un viejo residente, las "llamas más altas que he visto". Después del accidente, recordado por cada miembro de la comunidad como una experiencia fuertemente traumática, las compañías del polo construyeron una nueva (y, de acuerdo a los expertos, segura) dársena exclusiva para productos inflamables, que le dio un nuevo nombre a la comunidad adyacente, hasta entonces conocida simplemente como "la costa".[1]

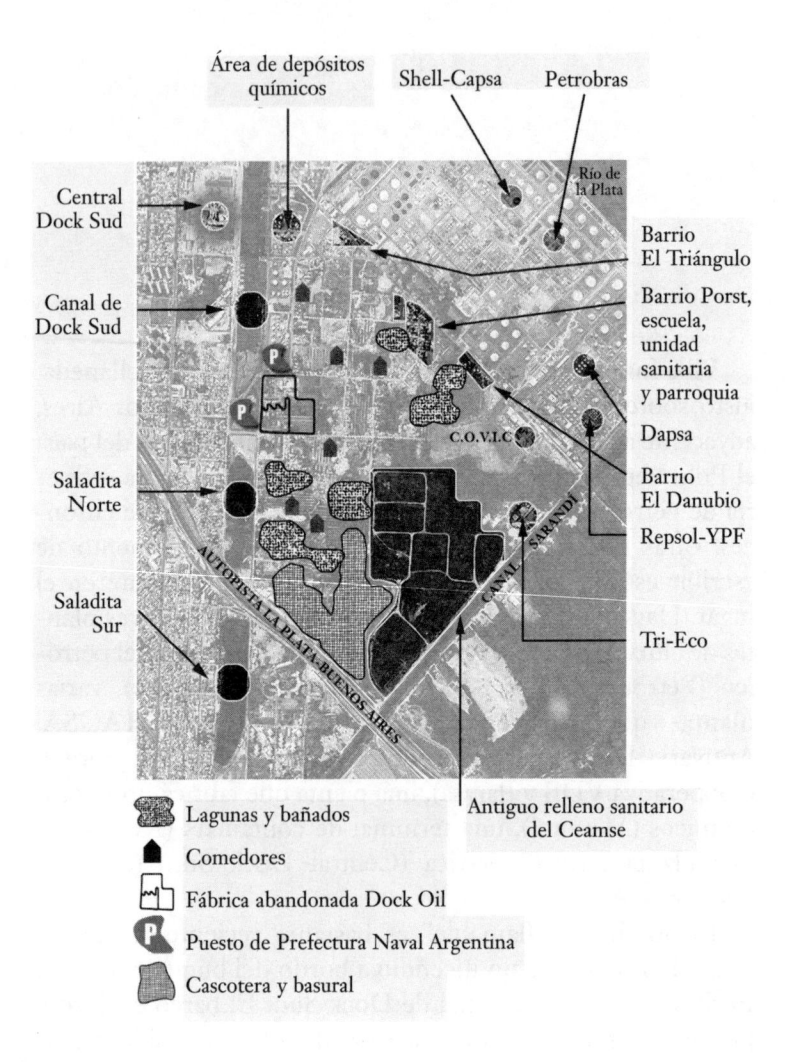

Mapa con referencias:

- Área de depósitos químicos
- Shell-Capsa
- Petrobras
- Central Dock Sud
- Río de la Plata
- Barrio El Triángulo
- Canal de Dock Sud
- Barrio Porst, escuela, unidad sanitaria y parroquia
- C.O.V.I.C
- Dapsa
- Saladita Norte
- Barrio El Danubio
- Repsol-YPF
- AUTOPISTA LA PLATA-BUENOS AIRES
- CANAL SARANDÍ
- Saladita Sur
- Tri-Eco
- Antiguo relleno sanitario del Ceamse

Referencias:
- Lagunas y bañados
- Comedores
- Fábrica abandonada Dock Oil
- Puesto de Prefectura Naval Argentina
- Cascotera y basural

---

1. La asociación local intermedia barrial se llama *Sociedad de Fomento Promejoramiento de la Costa*.

Inflamable a través de la mirada de los más jóvenes

Como mencionamos en la introducción, les pedimos a estudiantes de la escuela local (EGB N° 67) que trabajaran en equipo (cinco equipos de dos estudiantes cada uno y otro de tres) y les dimos cámaras fotográficas descartables. Les solicitamos que sacaran la mitad de las fotos sobre lo que les gustaba de su barrio y la otra mitad sobre lo que no les gustaba. Aunque algunos de ellos sentenciaron desde un principio que era difícil tomar fotografías de cosas que les gustaban ("porque no hay nada lindo acá". "¿Cómo podemos sacar fotos de cosas que nos gustan si no hay nada hermoso acá?"), la coincidencia entre los grupos fue esclarecedora: a ellos les gustaban las personas (la mayoría de las fotografías clasificadas como buenas son las que retratan a amigos y familiares; no fueron incluidas aquí para resguardar su anonimato) e instituciones (fotografías de la parroquia, la escuela, la unidad sanitaria). Pero incluso cuando ellos sitúan a la escuela entre las "buenas" fotos, no dejan de señalar el estado deplorable en que se encuentra el edificio. Muchos de ellos fotografiaron la unidad sanitaria e incluyeron estas tomas entre las fotos "buenas" porque cotidianamente van cuando están enfermos y/o hay una emergencia. Los que fotografiaron la unidad sanitaria remarcaron lo bien que son atendidos allí. Entre las cosas que les desagradan captaron: la dispersión de basura y residuos, las aguas sucias y estancadas, las chimeneas con humo y el edificio de la compañía más importante del polo petroquímico (Shell-Capsa). Cuando hablamos sobre las fotografías, la coincidencia es abrumadora, tanto que no sería arriesgado asegurar que hay un único –casi monolítico– punto de vista sobre lo que los rodea. Ellos aborrecen la contaminación del agua, el suelo y el aire y resaltan que esta polución es la única razón por la cual considerarían dejar el barrio. Antes de pasar al análisis de las imágenes debemos aclarar que nunca mencionamos el tema de la contaminación durante la semana que hicieron el ejercicio; les dijimos que estábamos interesados en saber cómo era su visión del barrio. La problemática de la contaminación y las quejas al respecto surgieron en nuestras conversaciones con ellos en forma espontánea. En este punto debemos señalar que no es nuestro propósito evaluar la veracidad de lo que nos comunicaron: si los cables de alta tensión o la planta de coque "causan cáncer" no es tan importante como el hecho de que obstinadamente ellos lo creen y lo remarcan cada vez que tienen la oportunidad de expresarlo, como lo hicieron a través de este ejercicio fotográfico. En otras palabras, a continuación simplemente queremos introducir al lector en el espacio físico de Inflamable (intentando transmitir sus olores y sonidos a través del texto escrito) con la ayuda de las imágenes y las voces de los más jóvenes. El próximo capítulo tratará sobre la actual confusión que prevalece en la comunidad, tanto entre los jóvenes como entre los adultos.

Las fotos "buenas". Las (pocas) cosas que les gustan

La unidad sanitaria: "Hay una ambulancia ahí y te atienden bien". "Si te pasa algo, podés ir ahí y te tratan bien". (Sandra)

"La escuela se cae a pedazos. Hace mucho frío en invierno, no podemos tener clases por el frío. Si encendés las estufas, las luces se apagan. Y en nuestra aula hay una estufa y nos re cagamos de frío." (Eleonora)

Las fotos "malas". Las (muchas) cosas que no les gustan

Todos los estudiantes remarcaron que no les gustan las fotos "malas" porque muestran lo sucio y contaminado que está el barrio: "No nos gustan estas fotos porque hay un montón de contaminación, está lleno de basura". "A mí me gustan mis vecinos, todos mis amigos están acá. Pero no me gusta la contaminación que hay". En sus mentes la contaminación está asociada con los humos (y está representada en las fotografías de chimeneas, en su mayoría tomadas durante la noche cuando estos humos pueden verse mejor) y la basura, el barro y los desechos (representados en las fotografías que tomaron del frente de sus casas, sus patios y las calles por las que diariamente circulan). La contaminación es asociada, además, con la compañía más importante del polo y particularmente con la planta de coque, instalada hace una década (organizaciones ambientales y algunos activistas de la comunidad intentaron sin éxito detener la instalación de la planta, argumentando que es potencialmente cancerígena).

"Esta es la calle donde vive Yésica." (Jorge)

"Y esto es enfrente de su casa." (Jorge)

El polo y el barrio

"Esto es justo enfrente de nuestra casa. Hay un hombre viviendo ahí, pobre hombre, te da pena. Las ratas andan todas por ahí." (Yésica)

"Éste es el patio de atrás de mi tía." (Agustina)

"Éste es mi patio." (Verónica)

Todos ellos se ven viviendo en el medio de la basura, rodeados de aguas estancadas y apestosas, y detestando los desechos que alimentan a grandes y amenazantes ratas. En varias conversaciones que mantuvimos durante nuestro trabajo de campo, las madres de bebés pequeños nos decían con gestos muy elocuentes que tenían miedo de que sus hijos fueran mordidos por ratas "¡que son así de grandes!".

"Cuando caminás por acá, el olor, la baranda te mata. Ves las ratas por ahí, son gigantes, como monstruos."
"Mirá el río, está todo contaminado. Me gustaría que el barrio esté más limpio." (Laura y Marcelo)

"Acá es donde jugamos fútbol [en las clases de educación física]; me gustaría que estuviese más limpio." (Eduardo)

Basura ilegal

Uno de los diálogos más reveladores fue el que mantuvimos con Manuela (14 años). Una de las fotografías que tomó muestra el lugar donde los camiones descargan basura ilegalmente. Muchos de los vecinos van a cirujear a ese predio y, según Manuela, "hacen mucha plata". En la otra fotografía,

Gato ciruja

probablemente la que mejor encapsula la visión de los estudiantes acerca de lo que los rodea, Manuela retrató a un gato comiendo de la basura. Y ella usa la misma palabra para referirse a sus vecinos y al gato (ciruja): "Mire este gato revisando la basura. Se anda rebuscando algo para comer. Es un gato ciruja". Uno no necesita herramientas de interpretación muy sofisticadas para darse cuenta de que en cuestiones de estrategias de supervivencia y de mugre circundante, vecinos y animales son, para Manuela, muy semejantes.

La contaminación no está solamente en el afuera que los rodea –calles sucias, patios traseros y de juego– sino que está dentro de sus propios cuerpos y es donde adquiere, según su visión, un nombre muy preciso: plomo. El estudio epidemiológico financiado por JICA[2] que detectó la presencia de elevados niveles de plomo en sangre en los niños y niñas del barrio (y que describimos más adelante) obtuvo mucha recepción mediática, en la prensa (que los chicos no leen) y en la televisión (que sí miran). Los maestros también les informan sobre

---

2. Japan International Cooperation Agency (Agencia de Cooperación Internacional de Japón).

el plomo. Cuando los chicos hablan sobre la contaminación en el barrio, usan las entrevistas y las fotos para referirse a sus seres queridos y a ellos mismos como personas envenenadas: "Me gustaría irme porque está todo contaminado acá. Yo no se cuánto plomo tiene mi primo en la sangre. Todos mis primos tienen plomo adentro", nos dice Laura. "Yo tengo plomo adentro. Me hicieron el análisis porque unos abogados dijeron que nos iban a erradicar", afirma Manuela.

"No nos gustan las fábricas por el humo que largan." (Romina)

Muchos de los estudiantes han visitado la planta de Shell. A Miguel le gusta y señala: "Está re bueno, lleno de camiones". Carolina, que asistió a un curso de computación de dos semanas dentro de la planta, dice: "Es horrible ahí adentro, máquinas, humo, todo humo". Romina nos cuenta: "No nos gusta (Shell-Capsa) porque a la noche sale mucho humo de ahí. Nosotros una vez entramos. Nos trataron muy bien, pero contaminan todo (señala la planta de coque). Al frente de mi casa, hay una mujer que vino a vivir al barrio con su hija. Después de un par de años están todos contaminados por el coque; la mayoría de la gente está con-

64 *Javier Auyero y Débora Alejandra Swistun*

"Está todo contaminado. Viene todo de Shell." (Carolina)

"No me gusta Shell porque contamina. Yo no sé cuánto plomo debemos tener en la sangre." (Cintia)

taminada por eso". Y Samanta agrega: "Acá hay mucha enfermedad".[3]

---

3. El incinerador de residuos peligrosos (Tri-Eco) fue también mencionado como una fuente de contaminación: "La gente dice que a la noche queman cosas en Tri-Eco, y es muy, muy feo", dice Romina.

Por las fotografías que tomaron y por sus opiniones, es evidente que para estos jóvenes, Shell (y el polo petroquímico por extensión) está asociada con el humo y el plomo que afectan su salud. Shell es, para ellos, la causa de sus enfermedades (y las de sus vecinos). Las torres de alta tensión fueron instaladas (no sin la resistencia de la comunidad, véase capítulo 5) en 1999. Como Miguel señala al referirse a la foto de esta página: "Estos cables tienen un montón de voltaje. Me dijeron que son realmente peligrosos. Traen cáncer de piel esos cables". La foto de Nicolás resume esta generalizada percepción.

"Esta foto muestra lo que no nos gusta. La planta de coque, los cables." (Nicolás)

Muchos estudiantes tomaron fotografías de la Dock Oil, una fábrica abandonada donde tuvo lugar la tragedia más reciente de la comunidad. El 16 de mayo del 2005, tres chicos, uno de ellos un compañero de los estudiantes que entrevistamos, entraron a la fábrica abandonada para sacar "fierros". Aparentemente, una pared se derrumbó después de que uno de los adolescentes sacó la viga equivocada. Dos de

La fábrica abandonada

ellos resultaron heridos, el tercer estudiante falleció. Cuando les preguntamos por qué habían elegido ese lugar para tomar fotos, todos los estudiantes explicaron en forma directa y clara que las razones por las cuales habían incluido tantas fotos de la Dock Oil entre aquellos aspectos de su barrio que les disgustaban era "porque uno de nuestros compañeros se murió ahí". Mientras observábamos las fotografías y transcribíamos las voces de estos jóvenes, no podíamos evitar pensar que la razón por la que incluían tantas fotos de ese ("feo") edificio está relacionada con los suelos movedizos en los cuales viven tanto literal como figurativamente. Ninguna imagen, y seguramente ninguna palabra, puede transmitir mejor el sentido de inseguridad existencial que, teniendo sus raíces en suelos inciertos, habita entre estos jóvenes.

¿Dónde nos deja este viaje visual? Las imágenes y las voces de los más jóvenes nos sirven para introducir al lector en el espacio físico y simbólico de Inflamable. Estas vidas no se desarrollan en un espacio indiferenciado sino en aguas, suelos y aire envenenados y rodeada de la basura donde las ratas, como uno de los estudiantes sentenció, "parecen monstruos". Los más jóvenes piensan y sienten su entorno no como un elemento del que ocasionalmente toman conciencia, sino como algo constantemente presente por sus perniciosos efectos. Citando a Kai Erikson (1976), ellos ven el ambiente como "una muestra de lo que el universo tiene reservado para ellos". Al presentar un único, pero sobre todo monolítico, punto de vista sobre lo que los rodea, estas fotografías y los comentarios críticos de estos jóvenes no dan cuenta en forma completa de la mucho más diversa y difícil (confusa y desconcertante) realidad experimentada. Antes de presentar nuestro tema principal, reconstruiremos la historia de Inflamable con la ayuda, esta vez, de los habitantes más viejos.

Una relación orgánica

De acuerdo con las últimas estadísticas disponibles, en el año 2000 había 679 familias en Inflamable (Lanzetta y Spósito, 2004; Dorado, 2006). Es una población relativamente nueva y el 75% de los residentes ha estado viviendo en el área desde hace menos de quince años. Aunque no hay un dato exacto, las autoridades municipales, los líderes comunitarios y la gente que vive y trabaja en la zona (en el polo petroquímico, en la escuela y en la unidad sanitaria) nos dijeron que en la década pasada la población aumentó por lo menos cuatro veces –crecimiento alimentado por la erradicación de villas en la Ciudad de Buenos Aires y por la inmigración de provincias y países próximos (Perú, Bolivia y Paraguay). Ciertas diferencias internas dividen sutilmente a Inflamable en cuatro sectores: el "barrio Porst" (por el apellido de uno de sus primeros habitantes), el barrio "El Danubio", "el triángulo" y "la villa". El barrio Porst (también conocido por sus habitantes como "la burbuja" o "estas cuatro manzanas") está habitado por antiguos residentes de clase media baja que viven justo en frente del polo. Allí se ubican la escuela local, la unidad sanitaria y la parroquia. El barrio El Danubio está a sólo tres cuadras del núcleo más antiguo, también en frente del polo, pero formado por un grupo de 22 familias pobres que viven en casas modestas justo debajo de la línea de alta tensión instalada en 1999. Nuestro trabajo etnográfico se centró principalmente en estas dos áreas. Los residentes de barrio Porst y El Danubio definen al resto de la comunidad como "la villita" o "el triángulo" y "el bajo" o "la villa". Estos sectores están habitados por contados residentes antiguos y una mayoría de moradores de bajos recursos (gran parte de los cuales llegaron en la década pasada) que viven en casas precarias, algunas de ellas son ranchos (casillas de chapa, madera y cartón) ubicados en medio de los bañados.

Estas divisiones no son meramente geográficas; ellas constituyen principios organizadores de la experiencia del lugar entre los antiguos residentes. La mayoría cree que, con el aumento de población en la villa, el barrio "realmente cambió" y se hizo inseguro. "El barrio era realmente hermoso, ahora es peligroso", escuchamos muchas veces. Como señalan García e Irma, un matrimonio que ha vivido allí por más de cincuenta años:

Irma —Pero era muy lindo, ahora no.
García —No, ahora no. No sabés si encerrarte adentro y acá tenés que estar pensando que un día te van a entrar y te van a afanar. Ya no podés dejar más nada afuera.
Irma —Yo tengo miedo, yo estoy asustada. Éstos capaz que te matan por robarte un televisor. Antes era hermoso, había una tranquilidad...
García —Nosotros no teníamos rejas en casa.

O como dice Juan Carlos "nosotros empezamos a tener problemas por el nuevo asentamiento, la calidad de la gente cambió, hay un montón de droga, gente que no es bien intencionada". Para García, Irma y Juan Carlos, como para muchos otros antiguos residentes, la despacificación de la vida cotidiana está intrínsecamente relacionada con la llegada de los "villeros". Desde el punto de vista de los habitantes de El Danubio y Porst (personas de clase baja y clase media baja), la "villa" no es sólo el repositorio de criminales sino también, de gente que no trabaja y no quiere trabajar, de gente que no paga impuestos y, lo más importante para el propósito de este libro, de gente que es "sucia" y "no se preocupa" por su higiene. Dado lo crucial de este punto para entender las experiencias vividas acerca de la contaminación, lo exploraremos con mayor detalle más adelante; simplemente aclararemos ahora que la "villa" es vista por la mayoría de los antiguos residentes como el lugar donde está concentrada la contaminación (por oposición, la "burbuja" no está contaminada). A pesar de que los chicos que tienen plomo habitan tanto la parte antigua como la nueva de Inflamable, muchos antiguos residentes creen que el plomo le pertenece a la villa.

Inflamable es, en muchos aspectos, similar a otros territorios de relegación urbana en la Argentina: ha sido profundamente afectada por la explosión del desempleo y la miseria durante los años noventa (Auyero, 1999). Los trabajos *part-time* en alguna de las compañías del polo, las jubilaciones y pensiones, el cirujeo y los programas asistenciales del Estado (Plan Jefas y Jefes de Hogar y comedores) constituyen la principal fuente de subsistencia para sus habitantes.

Como en muchos otros enclaves pobres, los vecinos han sido testigos del incremento dramático de la violencia interpersonal en la vida cotidiana. Registramos varias instancias de esto durante nuestro trabajo de campo.

Notas de campo de Débora

7 de febrero de 2005
Hoy a las 2.30 de la madrugada robaron los cables de teléfono. Una vecina vio que se movían, salió a la puerta y se dio cuenta de que los estaban robando, avisó a su abuela y a otra vecina, que le dijo a González. Él disparó unos tiros al aire desde su techo para asustar a los chorros, mientras algunos vecinos llamaban a Prefectura. Más tarde llegó Prefectura, cuando se habían ido los chorros. Hicieron un juego de luces como alumbrando y los vecinos les señalaron dónde estaban escondidos, pero

ellos contestaron que ahí no se pueden meter porque "no es nuestra jurisdicción". En el banco del almacén había un borracho que se quedó dormido, los mismos chorros le pegaron y le robaron la bicicleta. Mi abuela calcula que con esos metros de cable hacen como 800 pesos. Los chorros dijeron: "el 10 ponen los cables y el 11 los robamos". Mi abuela intuye que la policía no los atrapa porque van mita y mita con los chorros.

5 de marzo de 2005

Volvía a las 4 de la madrugada en un taxi, en la esquina del almacén había un grupo y en la puerta de la casa de los Aguirre había otro. Me supuse que algo había pasado. Entro a la casa de mi abuela y me dice "metete rápido que se agarraron a los tiros". Le digo que vi a los dos grupos, salgo a la vereda para ir a mi casa y veo a Julia pidiendo una ambulancia. Había un chico herido, ahí lo veo tirado en la vereda. Entro a mi casa y mi mamá me dice: "¡Justo en este momento tenías que llegar vos!, yo rogaba que no llegaras, te podrías haber ligado un tiro. Estuvieron toda la noche con la cumbia y de fiesta que no dejaron dormir a nadie. Ya no vas a poder venir más a esa hora, o uno vuelve antes de las 12 o se tiene que quedar a dormir en la casa de alguien". Dos minutos después de los tiros yo bajaba del taxi, taxi que agradezco haber esperado cuarenta minutos en Avellaneda porque no venía ninguno. Esto cada vez está más pesado.

16 de marzo de 2005

Mientras esperaba a Mirta, veo a Josefina, una amiga de mi abuela, llorando desesperadamente y gritando: "me robaron todo, me dieron vuelta la casa. Me robaron la plata, unas cosas de oro. Si vos vieras cómo me dejaron la casa. Todo tirado". Yo trataba de tranquilizarla y le pregunté si ella estaba ahí cuando entraron a robarle. No, ella estaba tomando mate con mi tía abuela. Ellas siempre se juntan a la tarde a tomar mate, en esa hora entraron a la casa y le robaron. Mientras ella me contaba esto, en la calle pasaron dos pibes, ella dice: "ésos son, hay que matarlos". Se juntaron muchos vecinos en la calle. Isabel dice que hay que llamar a la policía porque ahora se van a empezar a meter en las casas porque no tienen más el cable para robar. "Ahora se van a empezar a meter en las casas, esto no puede ser, hay que meterles un tiro a todos".

27 de marzo de 2005
¿Cuándo va a ser el día que escriba algo lindo de mi barrio? Cada día más complicado. Hoy después del almuerzo de Pascuas mi abuela sacó el tema del robo a Josefina. Desde hace un par de años estos temas son cada vez más frecuentes en los almuerzos, en las cenas. Mi abuela contó que el jueves a las 9 y media de la noche le apedrearon la casa a Josefina. Aparentemente los mismos que le robaron le tiraron las piedras. Se ofendieron porque ella le dijo "chorro" a uno de ellos después de que pasaron por la vereda de su casa y le preguntaron. "¿Cómo está Josefina?".

17 de enero de 2006
Hoy a las 3 de la madrugada se escucharon tiros. Fue un vecino para asustar a los pibes y que no robaran los cables que Telefónica puso ayer. Telefónica dijo que era la última vez que los ponía, porque ahora somos "zona roja". Algunos vecinos montan guardia toda la noche, no van a dejar que los roben otra vez.

Como resultado del robo rutinario de los preciados cables de cobre, las líneas de teléfono se cortaban continuamente. Durante el curso de nuestro trabajo de campo, esto fue una constante fuente de preocupación entre los residentes, incluso entre los pocos que podían pagar celulares (principalmente usados para recibir llamadas pero no para hacerlas). La pérdida de sus líneas telefónicas (y la creciente violencia cotidiana) ayudaban a exacerbar el ya presente sentimiento de aislamiento social que habita entre los residentes de barrio Porst y El Danubio, un sentimiento que tiene sus raíces en la localización marginal y el dificultoso acceso a Inflamable. Delimitada por el "paredón" del polo el canal de Dock Sud y el canal (río) de Sarandí y la autopista Buenos Aires-La Plata, Inflamable está ubicada literalmente sobre los márgenes de la localidad de Avellaneda. El acceso al barrio se restringe a una sola línea de colectivos administrada por una familia de barrio Porst (el colectivo pasa cada media hora, aunque en más de una ocasión puede pasar más tiempo: desde las 6 de la mañana hasta las 10 de la noche). Los taxis habitualmente evitan entrar a Inflamable durante la noche y a veces también durante el día. Como resultado, los residentes deben comprar en los almacenes locales, tomar un remis hasta un supermercado o caminar aproximadamente 45 minutos hasta el centro de Avellaneda.

El aumento de la violencia interpersonal es bastante común en las comunidades pobres del Gran Buenos Aires. Pero lo que distingue a Inflamable de otros barrios pobres es la particular relación que mantiene con la principal compañía del polo industrial (Shell-Capsa) y la extensión de la contaminación que afecta al área y sus habitantes. Abordemos estos dos puntos en ese orden.

El paredón de Shell y la planta de coque

El polo y el barrio

Los muros de ladrillos y los portones custodiados por personal de seguridad, que separan el polo industrial del barrio, disimulan la conexión orgánica que, por más de setenta años, Shell-Capsa ha mantenido con la comunidad.[4] Desde los años treinta, junto a otras compañías del polo, ha atraído una importante fuerza de trabajo que provenía de las provincias en busca de empleo en Buenos Aires.

En las historias de vida que recolectamos, los residentes más antiguos recuerdan la abundancia de trabajo en el área. Ellos también señalan las conveniencias de vivir cerca del polo petroquímico y sus arduos esfuerzos para edificar lo que al principio fueron casillas en el medio de bañados. Los "rellenos" del terreno aparecen en las narraciones de los más viejos como una actividad importante de aquellos días, y aún lo es de acuerdo a las entrevistas en profundidad que realizamos con los residentes de mediana edad.

Echaremos luz sobre los principales elementos de lo que denominamos el imbricamiento material y simbólico entre la comunidad y Shell, o "la empresa", como la llaman los residentes. Históricamente, Shell proveyó de trabajo formal e informal a hombres, que trabajaban en la refinería, y mujeres, que realizaban trabajo doméstico: limpieza y cuidado de niños para el personal profesional que vive dentro de Shell. Los antiguos residentes recuerdan no sólo trabajar para la compañía sino también atenderse en la enfermería ubicada dentro de la empresa, obtener agua potable de ahí, recibir caños y otros materiales para la construcción, etcétera. Hace menos de una década, Shell financió la construcción del centro de salud en la comunidad que emplea a siete médicos y dos enfermeros y posee una guardia de 24 horas y una ambulancia, algo bastante inusual en otras comunidades pobres del

---

4. Las otras compañías del polo mantuvieron relaciones más erráticas con la comunidad. Hace décadas, por ejemplo, la Compañía General de Combustibles (más tarde Eg3 y hoy Petrobras) donó caños para traer agua al barrio. Otras empresas también hicieron donaciones a la sociedad de fomento local. Pero ninguna de ellas logró la constancia en la relación que Shell mantuvo y aún mantiene con el barrio.

país. Comenta Marga (la presidenta de la sociedad de fomento) acerca de Shell:

> Siempre nos dieron una mano. Aunque la gente dice que contaminan, Shell siempre ayudó. Cuando los necesitamos, ellos siempre estuvieron [ayudando a] la escuela, el jardín de infantes, la sociedad de fomento, la iglesia. Nos daban pintura, materiales para la construcción, zapatos, ropa, hasta remedios y comida para los comedores, muchas, muchas cosas. Shell siempre ayudó a la sociedad de fomento. Construyeron la unidad sanitaria, la parroquia, el jardín de infantes. Todo fue hecho por Shell. Ellos siempre estuvieron, cada vez que los necesitamos ellos estuvieron.

La hermana de Marga, Susana (cuyo hijo tiene niveles de plomo en sangre por encima de lo normal y dirigía una "copa de leche"),[5] expresa este mismo sentimiento: "No nos podemos quejar de Shell, es la mejor compañía. Siempre nos ayudan". Y otros vecinos extienden esta evaluación positiva a otras compañías del polo, contrastándola con el negligente accionar municipal. Como Roberto señala: "Las compañías siempre nos ayudaron. La municipalidad nunca arregló una calle o rellenó los bañados. ¿Ves los desagües de allá? Shell los hizo, no la municipalidad. El gobierno nunca hizo nada acá".

Muchos vecinos recuerdan que esas empresas buscaban babysitters y empleadas domésticas para el personal que vivía dentro del polo. Ellos también tienen presente que podían usar el único teléfono disponible de la empresa, que estaba dentro de la zona industrial, y que las compañías les daban agua potable y kerosene. Como remarcan García e Irma: "Las empresas [del polo] siempre nos dieron una mano".

Aunque después de la automatización de muchas de sus operaciones Shell no sea más el principal empleador en la comunidad, aún provee de trabajo a los residentes jóvenes y

---

5. La "copa de leche" es una casa de familia donde la jefa de hogar recibe sachets de leche entregados por el área de Desarrollo social del Municipio y las madres con hijos en edad escolar van a retirar 2 litros de leche por día, también puede funcionar como un merendero.

viejos. Además, dona dinero a la escuela local en el marco de lo que un ingeniero de la compañía que entrevistamos definió como un "plan de desarrollo social". Nombramos a continuación sólo algunas de las actividades que la compañía financia (y los bienes que distribuyó) durante el curso de nuestro trabajo de campo: un programa de nutrición para madres pobres que incluye la distribución de alimentos; clases de computación para los estudiantes de la escuela (dictadas dentro de Shell); ventanas, pintura y estufas para el edificio de la escuela; el viaje de egresados para los alumnos de la escuela; remeras con el logo de Shell para los equipos escolares de fútbol, voley y handball; juguetes para los alumnos de la escuela durante la celebración del Día del Niño.

A través de la División de Relaciones con la Comunidad, la compañía busca desarrollar lo que un ex funcionario municipal llama una "política de buen vecino".[6] La presencia de Shell indudablemente distingue a Inflamable de otras comunidades pobres. Desde el punto de vista de los habitantes, es el actor local más importante, mucho más que el Estado y está implicado (profundamente, para muchos) en los acontecimientos del barrio. La mayoría de las personas con las que hablamos recurriría a la empresa en el caso de que hubiera que solucionar un problema urgente (necesidad de materiales para construir sus casas, un trabajo, atención médica, etcétera). Shell, a su vez, durante el curso de nuestro trabajo de campo tenía a una persona de relaciones públicas designada exclusivamente para tratar con la comunidad (el Sr. Siepe). Como la mayoría de las grandes compañías del mundo, Shell mantiene una relación paternalista con Inflamable (principalmente con aquellas personas que viven enfrente de su planta, en la parte más antigua del barrio). Esta relación implica un modesto interés por lo que ocurre en la comunidad y una cierta, aunque no muy importante, obligación hacia la gente que vive allí.

---

6. Un listado de las actividades que la compañía financia (y los bienes que distribuye) en Dock Sud se encuentra en www.shell.com.ar.

Un lugar envenenado

Expertos (tanto del gobierno local como de Shell) coinciden en que, dada la calidad del aire asociada a las actividades industriales que se desarrollan en el polo, el área no es adecuada para la residencia humana. Como nos dijo un ingeniero que trabaja en Shell: "Ésta es un área industrial, la gente no debería estar viviendo acá".

Volquete ilegal ingresando al polo para descargar su contenido en alguna laguna, basurero clandestino o fondo de una casa para rellenado.

El área que bordea el polo también ha sido usada como un basurero por muchas de las compañías cercanas (recientemente, el gobierno ha ordenado a una importante compañía petrolera que remedie una fracción del área). Aún hoy es usada como basurero a cielo abierto por contratistas que descargan ilegalmente desechos en el área (observamos esto varias veces durante nuestro trabajo de campo; véase Dorado, 2006 y las actas del Comité de Control y Monitoreo Ambiental, 26 de junio de 2003, JICA II).[7] Muchas veces,

---

7. Acerca de los basureros clandestinos en Buenos Aires, véase Defensoría del Pueblo de la Nación Argentina (2003, págs. 195-210).

como ya hemos señalado, los residentes pagan para que los camiones descarguen tierra y desechos para así poder elevar sus terrenos y rellenar los bañados. De hecho, en las muchas historias de vida que recolectamos, "rellenar" es una actividad recordada como una estrategia cotidiana en el barrio: aún hoy, hay tierras bajas y pantanosas en el centro de las manzanas del barrio; muchas de las fotografías tomadas por los estudiantes retratan las pequeñas lagunas en sus patios traseros. Como señala Susana refiriéndose al bañado sobre el cual construyó su casa: "Esto era una laguna. La rellenamos con todo tipo de materiales, cemento, escombros, cosas negras. Pagamos 5 pesos por camión". De acuerdo con los agentes sanitarios que trabajan en el área, una de las posibles fuentes de contaminación en la zona serían los materiales que la gente usa para elevar sus terrenos, ya que algunas veces están mezclados con desechos tóxicos. Como en muchas otras comunidades pobres de Buenos Aires (Defensoría del Pueblo de la Ciudad de Buenos Aires, 2006), muchos de los conductos que conectan las casas a la red de agua corriente son plásticos. Defectos en las uniones y pinchaduras permiten que los tóxicos del suelo ingresen a la corriente de agua definida oficialmente como "potable". El hedor proveniente de esos basureros, de las aguas podridas llenas de la misma basura y de los químicos almacenados y procesados en el polo suele ser nauseabundo. Este olor no puede ser reproducido fácilmente en el texto. A continuación intentaremos transmitir a qué huele la vida diaria en Inflamable a través de extractos de algunas notas de campo. Estas notas también anticipan, de una forma elemental, algunos de los temas que se transformarán en centrales cuando examinemos las experiencias vividas sobre la contaminación.

Notas de campo de Débora

8 de enero de 2005
De vuelta en casa después de un día de mucho trabajo, guardo unas cosas que compré en el súper. Hace mucho calor.

Mientras voy al baño a ducharme, mi mamá me dice: "cerrá todas las ventanas, ¿no olés?, están largando algo". Es un olor nauseabundo. Mientras baja las persianas y cierra las ventanas, le digo a mi abuela que llame a policía ecológica.

Todavía no salí. No sé si "el olor" se fue o no, acá adentro de mi casa no se huele. Nosotros cerramos todas las puertas y ventanas cuando hay un olor así "como a basura podrida". Cinco minutos después mi mamá me dice que el olor se fue. Ella intenta autoconvencerse diciendo: "debe ser el tiempo". "Sí", le respondo, "es el tiempo de Villa Inflamable, el olor a podrido del cinturón ecológico".

6 de febrero de 2005
Ahora estoy de regreso de mis vacaciones en el mar. La verdad es que me hacía falta cambiar de aire. Antes de irme estaba con mucha mucosidad, sentía las vías respiratorias taponadas. En el mar me sentía realmente bien, ni un moco. El aire de mar me hizo muy bien, volví súper pilas, oxigenada. Mientras el micro se acercaba al barrio, mi nariz se taponaba otra vez. No podemos seguir viviendo acá.

15 de enero de 2006
Le pregunté a mi tía que vino de Formosa a visitarnos si sintió olor cuando llegó al barrio. "Sí, a podrido", me contestó. Mi prima también se siente mareada.

Notas de campo de Javier

10 de junio de 2006
Cada vez que voy al barrio me siento "lento", cansado. Y bostezo durante cinco o diez minutos. Hoy Débora lo notó y me preguntó si había dormido mal. Le respondí que no, que dormí realmente bien. "Entonces... es por el aire de acá", me dijo.

Notas de campo de Débora

20 de enero de 2006
(En el micro, de regreso de La Plata) Sentí "el olor a huevo podrido" cuando me aproximaba al área del polo. Cuanto más me acercaba, el olor se tornaba más nauseabundo, insoportable. Desde el micro, en la autopista, el barrio se veía cubierto de algo parecido a "nubes" difusas grisamarillentas [...] Me pregunté cuántos años de acumulación de tóxicos contenían esas nubes. Pero por sobre todo me pregunté qué debe haber en mi sangre y mis pulmones.

8 de febrero de 2006
Ayer a la noche falleció mi abuelo. En su casa, como él quería, rodeado de su familia. Una infección pulmonar, según los médicos. Siempre tenía algún problema en los pulmones durante el invierno. Él trabajó muchos años en la compañía Astra. Cuando lo veía padecer en su cama no podía evitar preguntarme si la contaminación y lo que había respirado por tantos años tenían algo que ver.

Un estudio epidemiológico financiado por JICA y llevado a cabo por un equipo interdisciplinario de expertos comparó una muestra de niños de entre 7 y 11 años de edad de Villa Inflamable con otra población de control (Villa Corina) de características socioeconómicas similares, pero con niveles más bajos de exposición a la actividad industrial petroquímica. El estudio muestra que en ambas comunidades los chicos están expuestos al cromo,[8] al benceno (un compuesto orgánico cancerígeno que no tiene umbrales seguros de exposición) y tolueno.[9] Pero el plomo, "la madre de todos los venenos

---

8. El cromo es un conocido metal cancerígeno listado como un "peligroso contaminante del aire" por la Agencia de Protección Ambiental de Estados Unidos (EPA).
9. De acuerdo con la EPA de los Estados Unidos: "El sistema nervioso central (SNC) es el blanco principal para la acción tóxica del tolueno tanto en humanos como en animales, tanto en exposiciones cortas como crónicas. Disfuncionalidad y narcosis en el SNC han sido observadas frecuentemente en humanos expuestos a períodos cortos de inhalación de tolueno; los síntomas incluyen fatiga, somnolencia, dolores de cabeza y náuseas. [...] La

industriales... la toxina industrial paradigmática causante de enfermedad ambiental" (Markowitz y Rosner, 2002, pág. 137), es lo que distingue a los chicos de Inflamable del resto. El estudio muestra que el 50% de los chicos examinados en la comunidad tiene niveles de plomo en sangre más altos que lo normal (contra un 17,16% en el grupo de control).[10] Dado lo que se sabe acerca de los efectos del plomo en los niños, no debería causar sorpresa leer en el estudio que el coeficiente intelectual de los niños y niñas en Inflamable es más bajo que el de la población de control y que los problemas neurológicos y de conducta son más pronunciados. El estudio también reporta una fuerte asociación estadística entre frecuentes dolores de cabeza y síntomas neurológicos, problemas en el aprendizaje e hiperactividad en la escuela. Los chicos de Inflamable padecen mayores problemas dermatológicos (irritación ocular, infecciones en la piel, erupciones y alergias), problemas respiratorios (dolores de garganta, tos y broncoespasmos) y problemas neurológicos (hiperactividad y dolores de cabeza) que la población de control.

Un mundo sucio y peligroso

Existen pocas dudas acerca de que el espacio físico que habitan los residentes de Inflamable y en el que desarrollan sus

---

exposición a la inhalación crónica en los humanos también causa irritación del tracto respiratorio superior y ojos, dolor de garganta, mareo y dolor de cabeza. Estudios en humanos han reportado efectos en el desarrollo, tales como disfunciones en el SNC, déficit atencional y anomalías craneofaciales y en las extremidades, en los hijos de mujeres que durante su embarazo estuvieron expuestas a la inhalación de tolueno o mezcla de solventes. [...] EPA ha clasificado al tolueno en el Grupo D, no cancerígeno". www.epa.gov, acceso 16/09/2005.
10. 10 ug/[dl] (microgramos por decilitro) es considerado hoy el nivel normal de plomo en sangre. Sobre la historia de la epidemiología del plomo, véase Berney (2000) y Widener (2000). Sobre la historia del "engaño y la negación" acerca de los efectos perniciosos del plomo, véase también Warren (2000).

vidas está altamente contaminado por las actividades industriales pasadas y presentes (Dorado 2006, pág. 7). Localizada al sudoeste del polo, Inflamable también está próxima a un extenso (y, en términos prácticos, sin monitoreo alguno) relleno sanitario y a Tri-Eco, uno de los incineradores más grandes del país.[11] ¿Cómo perciben los residentes de Inflamable este medio tóxico y peligroso? A pesar de vivir frente al polo petroquímico, donde se almacenan grandes cantidades de productos peligrosos y se llevan a cabo riesgosas operaciones industriales, y sin ignorar el hecho de que la explosión del buque Perito Moreno está grabada en la memoria colectiva de Inflamable, la mayoría de los residentes más antiguos no piensa que el polo y Shell, la compañía más grande, sean peligrosos. Los residentes parecieran abrazar la visión de "seguridad total" de Shell que, aunque técnicamente indemostrable (Perrow, 1984), la compañía proyecta en sus reportes anuales (véanse los reportes de Shell, 2003, 2004). Muchos de los hombres con los que hablamos, que trabajaron en el polo, están convencidos de que "hay un montón de seguridad y control". Como señala Raúl:

> No existe en el mundo lugar más seguro que éste, ninguna refinería en el país es tan segura como ésta. Tienen muchas alarmas sensibles, doble, triple alarma. Si una falla, hay otra. Si hay una pérdida de gas, una alarma se activa y todo para. Incluso con el problema más pequeño, todo se para.

Semejante a las formas en las cuales la península nuclear francesa, analizada por Françoise Zonabend (1993), es vista por sus vecinos, el polo es percibido por Marga (y por muchos otros) como "Un mundo aparte. La mayor parte del tiempo no tenés idea de lo que pasa ahí adentro". Como cada persona con la que hablamos, ella no conoce el número de firmas

---

11. En un reporte del año 2000, Greenpeace llamó a Tri-Eco "fábrica de cáncer" y señaló la falta de control estatal sobre sus actividades. Tri-Eco incinera, entre otras cosas, los residuos patogénicos del 50% de los hospitales públicos de la capital. El mismo reporte asevera que Tri-Eco también contamina con plomo el suelo y los cursos de agua.

localizadas en el polo. Residentes como Raúl, que aunque son hábiles a la hora de reconocer los diferentes sonidos de las sirenas (que anuncian un escape o un incendio), y aun cuando dicen que "acá existe un riesgo permanente", no piensan realmente en esa posibilidad en el curso de su vida cotidiana (el hecho de que el último accidente serio, la explosión del buque petrolero, haya ocurrido hace más de veinte años ayuda a normalizar el riesgo). Cuando les preguntamos acerca de la posibilidad de un accidente, hallamos una interesante convergencia entre las personas que desde otros puntos de vista divergen en sus opiniones sobre las fuentes, extensión y efectos de la contaminación. Cada una de las personas con las que hablamos nos dijo que si ocurriera un accidente industrial no habría diferencia entre vivir en Inflamable o en otro lugar más alejado:

> Si ocurriera un accidente, volaría media Capital Federal.
> Si algo pasa acá, incluso si estuvieras en Dock Sud [serías afectado].
> Nadie estaría seguro si algo estuviera mal. Incluso si estuvieras en Uruguay [...] imaginate, con todos los tanques llenos de combustibles, sería como si 500 bombas atómicas explotaran al mismo tiempo.
> Si ocurriera un accidente, medio Buenos Aires desaparecería.
> Si algo pasa, afectaría 50 kilómetros a la redonda.

Uno podría pensar en esta convergencia de opiniones de dos formas (no necesariamente contradictorias). Primero, la gente es profundamente consciente de la magnitud del desastre que un accidente serio puede causar. Segundo, la devastación sería tan grande que no importaría vivir en Inflamable o en otro lugar. Lo interesante es que cuando hablamos acerca de la probabilidad de accidentes dentro del polo, ellos hablan de las mayores catástrofes, como la explosión del barco petrolero o el desastre industrial en Bhopal que es traído varias veces en las conversaciones, dado que Unión Carbide (hoy Dow Chemical) tuvo en el polo un depósito hasta mayo de 2007. No están pensando en los accidentes menores asociados con las actividades industriales que llevan a cabo las compañías (escapes, pequeños incendios, derrames, etc.) ni que están íntimamente ligados a la calidad del aire que respiran, el agua que toman y el suelo donde juegan sus hijos y nietos.

Pasado y presente

La degradación ambiental (esto es, la creciente contaminación del aire, agua y suelos) no fue impuesta a los residentes de Inflamable de un día para el otro. Diferente a otras "comunidades contaminadas" (Edelstein, 2003) que son testigos de la repentina instalación de un relleno sanitario, un incinerador o una industria contaminante en sus cercanías, o cuyos miembros descubren el asalto tóxico a través de la "epidemiología popular" (Brown, 1991), la contaminación en Inflamable ha sido incubada lentamente desde que el polo y la comunidad existen. La refinería de Shell, para algunos fue inaugurada en 1931[12] (Don Nicanor, uno de los residentes más viejos, nos dijo que su familia vivía en lo que hoy son los terrenos de Shell y que un día los obligaron a mudarse);[13] otras compañías químicas han estado en el polo por lo menos cincuenta años. Los vecinos han estado rellenando los bañados desde que llegaron en 1920 y 1930, muchas veces con tierra (probablemente tóxica) y lodo proveniente del polo (como nos contaron Nicanor y otros vecinos, la basura que ellos usaban para rellenar las tierras bajas estaba mezclada con "toda clase de venenos"). Este proceso de lenta incubación de la contaminación se refleja en los relatos de los mayores: ninguno señala un momento de la historia donde las cosas hayan tomado un giro radical. De un pasado lleno de pequeñas granjas y quintas, con frutas y verduras que "olían deliciosas",

---

12. Antes, donde hoy está Shell, había una compañía de petróleo holandesa.
13. Curiosamente, residentes afroamericanos en Diamond (Louisiana, Estados Unidos) cuentan historias similares sobre la relocalización de habitantes originarios forzada por Shell. Véase Lerner, 2005.

y donde los residentes pasaban sus fines de semanas en la playa cercana ("una de las playas más lindas del país"), el relato se mueve hacia un presente peligroso y sucio. Un día, ellos dejaron de ir a la playa, otro día se dieron cuenta de que los últimos quinteros se iban.

Aunque es interesante ver las diferentes formas en las cuales ellos describen el cambio, la gente que ha estado viviendo en el mismo lugar, que son vecinos, amigos y/o parientes, discrepan en la forma en que consideran lo que fue importante en la transformación de su espacio vivido. Algunas personas ponen el foco en la violencia cotidiana, diferenciando entre el presente y el pasado; otros, en el aumento de la contaminación. Mientras que la creciente violencia encuentra su origen en la expansión de la villa hacia lo que había sido antes un lugar de quintas y granjas y después un basurero llamado "la quema", la causa de la contaminación de la costa, donde ellos pescaban y se bañaban, y de la tierra, donde cultivaban frutas y verduras, es menos clara. Esta falta de certeza acerca de los orígenes de la contaminación es, como argumentaremos más adelante, crucial para comprender sus experiencias cotidianas sobre la forma de vivir en un ambiente tóxico. Antes de movernos hacia los relatos de los vecinos, debemos clarificar un punto. Es muy probable que sus recuerdos estén idealizados, como señala Kai Erikson (1976, págs. 203), "particularmente porque es natural para la gente exagerar el estándar contra el cual miden su dolor presente, y particularmente porque el pasado siempre parece aumentar su brillo dorado cuanto más recede en la distancia".[14] Debemos tomar en cuenta esta común idealización y debemos notar también, parafraseando a Erikson, que una manera de convivir con un presente de inquietud y desasosiego es contrastarlo con un tiempo y un lugar que quizás nunca existieron de la forma en la que lo recuerdan, pero la necesidad de hacerlo es claramente indicadora de la profunda disconformidad con el presente.

14. Las citas fueron traducidas por los autores.

El polo y el barrio

García e Irma han estado viviendo en Inflamable por más de cincuenta años, vinieron del interior cuando eran chicos. Un diálogo acerca de "cómo eran las cosas":

Irma —Esto olía a flores, frutas, vino, peras, era un espectáculo. Pero todo se perdió, no hay nada ahora.
García —Cruzábamos el puente [sobre el arroyo Sarandí] y hacíamos un paseo. La primera quinta estaba ahí. Tenían pimientos, ¡así de grandes! Y los tomates eran enormes. ¡Qué aromas! Tenían peras, ciruelas, uvas...
Irma —Y hacían su propio vino.
García —Hacían salame...
Irma —Era hermoso, hermoso...
García —Hoy en día, la costa está limpia. Pero no podés ir, te asaltan y te desnudan. Solamente los chorros y los drogadictos van allá.
Irma —Mi médico me dijo que debo caminar. Pero si vas allá te roban. Si caminás por acá, está lleno de camiones. Así que debo estar acá, encerrada en mi casa. No se puede vivir así.

Irma y García resumen gran parte de los sentimientos acerca del pasado que la mayoría de los residentes más antiguos comparten y que son, como los investigadores de la memoria colectiva señalan, también experiencias del presente. Si bien no lo expresan de esta forma, no es difícil percibir el énfasis que los vecinos con más años en el lugar ponen en aquel aroma de frutas y verduras en relación con el actual hedor de basura y polución industrial. La comunidad se tornó peligrosa (e Irma y García no son lo únicos en señalar la reciente relocalización de la villa como fuente del problema), pero también más ocupada y sucia. Irma no puede hacer una caminata no sólo por los ladrones que ella piensa están acechando en todos lados, sino también por la cantidad de camiones que atraviesan la comunidad en el polo.[15]

15. Nota de campo de Débora, 9 de febrero de 2006: "Entre las 7.43 y las 7.53 de la mañana ocho camiones pasaron por Sargento Ponce (la calle que

Muchos otros habitantes antiguos coinciden con Irma y García en sus percepciones sobre el "hermoso" pasado y la creciente violencia interpersonal, pero no concuerdan con la visión de que la costa está limpia. Morón, por ejemplo, recuerda la costa como el lugar donde "íbamos a pescar, estaba limpio, ahora está podrido". Él no puede señalar el punto en el tiempo cuando dejó de ir pero sabe por qué: estaba sucia, había derrames de petróleo por todos lados y se veían los peces muertos en la playa. "Eso es porque los barcos limpian sus tanques cerca de la costa y las fábricas tiran toda su basura ahí".

Paseos y pesca en el río (canal) Sarandí (1960).

lleva a Petrobras). A las 8 de la noche hay treinta camiones estacionados en el playón de Shell. Esos pasan por Larroque, no por mi calle [...] Las casas del Danubio están casi sobre la calle que va a Petrobras y el constante tráfico de camiones hace que tiemblen durante las horas pico". Los accidentes provocados por el tráfico pesado son comunes. El 27 de febrero de 2006 una niña de 12 años fue atropellada y muerta por un camión de combustible mientras estaba andando en bicicleta.

Guada, Tía Chichí y abuela Rosario bañándose en la costa (1966).

En un diálogo con Raúl y Silvia, Débora relata las experiencias de su familia en el lugar:

Débora —¿Ibas a la playa? Porque mi abuela me dijo que ella iba y se bañaba.
Raúl —Sí, yo fui muchas veces.
Silvia —Fuimos un par de veces.
Raúl —Pero la última vez que fuimos estaba todo sucio.
Débora —Sucio, ¿con qué?
Silvia —Basura, las cosas que tiran en los puertos, grasa, la cosa negra... como petróleo.

Las reflexiones de Belisario acerca de sus primeros días en la comunidad (él llegó a principios de los años sesenta) ilustran todas las cosas que para él y para muchos de los residentes con los que hablamos se perdieron:

Había pocas personas... seis o siete casas, todas juntas. Eran buena gente, gente criolla, todo el mundo trabajaba. En aquel tiempo había mucho trabajo, no como ahora, y era gente de primera clase. Yo recuerdo las pequeñas quintas, [eran] hermosas.

Yo disfrutaba mucho trabajar en mis pequeños canteros, tenía un montón de frutas. [...] Cuando llegué con mis sobrinos, les pregunté si les gustaba el lugar: "es lindo", respondieron. Estaba lleno de pájaros, tordos, caracaras, cigüeñas. Yo soy de Laguna del Iberá, en Corrientes. Es un lugar turístico muy famoso. Y a mí me gustaba acá porque había pequeñas lagunas. [...] En mi quinta yo plantaba cebollas, sandías, calabazas.

Las granjas, dice Juan Carlos, se perdieron a causa de la contaminación. "Los viñedos se quemaron porque el suelo y el agua se contaminaron. Las únicas que quedaron son las ciruelas porque son más resistentes". Cada uno de los habitantes más viejos recuerda las quintas, las lagunas, la pesca y contrasta aquel pasado con el presente contaminado de hoy.

Los recuerdos de Marga son los más detallados; ilustran otro cambio importante visto por los más antiguos residentes: junto al incremento de la suciedad y la contaminación, ven en la llegada y el crecimiento de la villa adyacente (a sus ojos, no precisamente un lugar donde vive "gente de primera clase") un importante, sino el más importante, cambio en su comunidad:

Marga —Cuando era chica iba a jugar a las granjas. Estaba lleno de árboles, comíamos tomates de las quintas. Donde hoy está la villa estaba lleno de quintas. Era hermoso, no te das una idea de lo hermoso que era.
Débora —¿Y que pasó con las quintas?
Marga —[hacia fines de los años cincuenta] Empezaron a rellenar los terrenos con toda clase de desechos de las fábricas. En aquel tiempo, las plantas tiraban toda la basura, sus desechos, ahí. Y eso fue cuando las quintas empezaron a quebrar. Nosotros jugábamos donde hoy está la villa, pero antes de la villa eso se llamaba la quema (esto es un basurero a cielo abierto). Y entonces, todo se contaminó y las fábricas de acá comenzaron a tirar todos sus desechos ahí, el gasoil, la brea, el carbón. Todo lo que te puedas imaginar, todos los desechos químicos eran arrojados ahí. Después de toda esa basura, la tierra no sirvió más.

Los residentes algunas veces usan el término "más sano" o "más limpio" para referirse a un pasado "más seguro" (no en términos de contaminación, sino de ausencia de crimen):

> Silvia —Era más sano. Mi suegra me contaba que los chicos podían jugar en cualquier lado. Ahora si dejás que tu hijo juegue por ahí, te lo llevan ahí abajo [a la villa] y quién sabe lo que le puede pasar. Antes, podías dormir con las puertas abiertas, ahora tenés que poner candado a cada puerta y ventana. Hay un montón de gente que no conocés.

A pesar de resaltar aspectos similares, sus relatos contrastan claramente con los de antiguos residentes de otros enclaves pobres de Argentina (Auyero, 2001). Mientras que la despacificación de la vida cotidiana domina las experiencias de la mayoría de los habitantes de antigua y mediana residencia en territorios de relegación urbana, las vivencias de los residentes de Inflamable difieren de las de sus pares, también pobres, en el énfasis que se otorga a la creciente degradación medioambiental: el presente no es sólo un lugar más peligroso sino un lugar más sucio y algunas veces, apestoso.

•••

El capítulo comenzó con un tour visual por Inflamable a través de la mirada de sus jóvenes residentes. Luego, presentamos algunos aspectos objetivos de la contaminación ambiental. Con el plan de acercar las "experiencias subjetivas" de vivir en un lugar envenenado, procedimos a reconstruir la historia de la comunidad usando las voces de los residentes más antiguos. La contaminación no fue impuesta abruptamente en la comunidad sino que se desarrolló progresivamente a través de los años. Este lento proceso de incubación, creemos, es muy importante para entender las formas en las que la gente comprende la toxicidad. Como veremos en las reconstrucciones sobre el pasado, abundan las quejas sobre este presente contaminado. Pero detrás de este consenso general, yace una realidad dominada por las dudas, los errores y la incertidumbre acerca de las fuentes y efectos de la contaminación. Los próximos dos capítulos diseccionan las formas y orígenes de lo que nosotros llamamos "confusión tóxica". Esta confusión, argumentaremos, está socialmente construida, no como una empresa cooperativa sino como el producto de diferentes relaciones de dominación que unen a los vulnerables vecinos con actores poderosos.

La contaminación tiene una doble vida: una, en un espacio objetivo, en el aire, los cursos de agua y el suelo de la villa; otra, en los cuerpos y mentes de sus contaminados habitantes. Para comprender este costado subjetivo de la contaminación, la observación etnográfica es indispensable. Parafraseando a Wacquant (2007, pág. 6), podríamos decir que la etnografía es esencial, primero para penetrar en la "trama de discursos que giran en torno a estos territorios [envenenados] de perdición urbana y que confina la indagación al perímetro sesgado del objeto preconstruido", y segundo, "para capturar las relaciones vividas y los significados que son constitutivos de la realidad [contaminada] cotidiana" de los pobres. Nuestro análisis pondrá la atención simultáneamente en los discursos que se apropian, transforman y/o niegan el sufrimiento tóxico de los habitantes de Inflamable y sus experiencias vividas en la cotidianidad. Como veremos, ambos discursos y experiencias están mutuamente imbricados.

CAPÍTULO 3
Mundos y palabras tóxicas

El sufrimiento de María

María Soto vive en Villa Inflamable desde hace veinte años. Habita una precaria casa de madera cuyo fondo es una pequeña barranca repleta de basura que se inclina hacia un mugriento pantano. Cuando hicimos el trabajo de campo no tenía trabajo; se había desempeñado como personal de limpieza en varias plantas del polo; era una de las cientos de miles de beneficiarias del Plan Jefas y Jefes de Hogar. María y su marido, Pedro (quien trabajaba como remisero y era también beneficiario del mismo plan), apenas lograban subsistir con sus tres hijos. Todos los lunes, María asistía a un taller para madres con hijos e hijas con problemas de desnutrición, organizado en la escuela local y con fondos provistos por Shell. Allí, todos los meses, María recibía comida gratis. Junto a los comedores comunitarios financiados por el Estado en donde sus hijos comían a diario, lograba a duras penas "llegar a fin de mes".

María Rosa, la hija de María, tiene 11 años. De acuerdo a un análisis de sangre que se hizo hace dos años, tiene altos niveles de plomo en sangre (18,5 ug/dl, microgramos por decilitro –bastante por encima de lo que se consideran niveles normales [10 ug/dl]–). Eso explicaría las difíciles noches de María Rosa ("duerme sobresaltada", nos cuenta María),

El fondo de la casa de María

Los hijos de María jugando en su patio

sus aleatorios picos de fiebre y sus ocasionales convulsiones. "Yo le dije al doctor lo de la fiebre y la tos", dice María, "y el doctor me dijo que es porque el plomo te consume lentamente". María sabe que hace algunos años un vecino murió de saturnismo y teme por María Rosa: "Tengo miedo por mi hija". El tratamiento, financiado por el Estado, que María Rosa llevaba a cabo fue suspendido hace más de dos años y María no tiene certeza alguna sobre cuándo será reiniciado y cree que si Rosa quiere curarse, tiene que "comenzar un tratamiento, tomar algún remedio, así de la nada no se va a curar".

María piensa que su hija "fue contaminada por las fábricas" y apunta (de acuerdo a lo que sabemos, de manera equivocada, ya que no larga plomo en su proceso) a la "planta de coque" como la principal responsable. Las plantas dentro del polo, dice, emiten partículas que dejan "toda sucia" la ropa que ella cuelga a secar: "Algunos días el olor que viene de ahí te mata, eso nos hace mal". Hace un tiempo, un abogado le dijo que sus hijos iban a ser examinados por los efectos de la contaminación pero no ha vuelto a saber de él: "Creo que va a haber un juicio contra las compañías", afirma María. Otro abogado está representándola, a ella y a varios vecinos, en un juicio contra Central Dock Sud, una compañía de electricidad que instaló cables de alta tensión sobre sus casas. María cree que "ellos [refiriéndose a Central Dock Sud] nos van a dar una casa o plata". Tiene esperanzas depositadas en el resultado del juicio y planea mudarse de Inflamable con el dinero que reciba. Un doctor de La Plata (donde ella llevó a Rosa para hacerse el tratamiento por la alta concentración de plomo en sangre) le dijo que "los cables traen cáncer". El juicio contra Central Dock Sud busca que "saquen los cables o nos saquen a nosotros, no sé, estamos esperando que venga el abogado [...] de acuerdo al abogado, Central Dock Sud nos tiene que dar un montón de plata".

Durante el último año, María fue visitada por muchos periodistas de varios medios televisivos que la buscaron para poner la historia de Rosa en el aire. Se queja amargamente de ellos diciendo que vinieron "porque me hija tiene plomo; aparecieron, me prometieron que nos iban a ayudar y después no los vi nunca más. Usan a mi hija". Los periodistas no son los únicos interesados en Rosa. En el taller de nutrición, un coordinador le pidió permiso para incluir una foto de Rosa en el catálogo que Shell produce para describir y promocionar sus actividades comunitarias. En el mes de abril de 2005, a sus otras dos hijas les habían salido granos y manchas en la piel: "No sé qué pensar", nos comentaba afligida, "no sé si estos granos les salen por el cable, por la contaminación o por alguna otra cosa". Con su presión arterial alta y su anemia crónica, María tampoco se siente bien: "No me quiero sentir más así, es horrible".

A media cuadra de María vive su tío, Francisco Soto. Está en el barrio desde 1962. Ya retirado, luego de trabajar como contratista en muchas empresas del polo, Francisco está haciendo los trámites para su jubilación (no sabe todavía cuándo ni cuánto cobrará). También es parte querellante del juicio contra Central Dock Sud, pero no ha sabido nada del abogado en el último año: "dicen que vamos a recibir algo así como 50 mil pesos". Cuando la sociedad de fomento local convocó a una reunión para discutir una posible relocalización, Franciso no fue: "No me quiero ir de acá ¿Y nos ponen en un departamento? Acá tenemos un lindo parque".

Cuando le preguntamos, Francisco vincula explícitamente la contaminación con la corrupción gubernamental: "Nadie está seguro sobre la contaminación. Yo escucho muchas cosas. Alguna gente dice que es la planta de coque, la que está ahí en la Shell. Pero, si sabían que iba a hacer mal, ¿por qué le dieron permiso a Shell para que la pusiera? Eso es porque lo coimearon al intendente". Francisco no está seguro sobre la verdadera fuente de contaminación ni sobre sus efectos: "Yo crié a tres hijos acá. Yo mismo estuve en las plantas, ahí adentro, y no tengo ningún problema de salud". Un día, cuando estábamos saliendo de su casa luego de conversar más de dos horas bajo la sombra de los árboles que la rodean, su yerno, al escuchar nuestra conversación, aseguró: "Acá estamos todos contaminados con el coque, con Shell, acá estamos re contaminados. Por ahí uno no se da cuenta con tantos años de estar acá. Uno cree que está bien, pero si se hace los estudios...". Francisco desacuerda con una sonrisa: "Hace cuarenta y tres años que estoy acá. ¡Ya debería estar envenenado!".

La historia de los Soto resume muchos de los temas más importantes de nuestra investigación: los habitantes del lugar están sufriendo los efectos de vivir en un lugar contaminado; se multiplican las quejas por la polución del aire, la tierra y el agua. Pero también abundan la negación, la confusión, la incertidumbre sobre la extensión, las fuentes y los efectos de la contaminación. La historia de los Soto también revela que los residentes no están solos en su sufrimiento y su incertidumbre: doctores, abogados, periodistas, funcionarios y personal de Shell son parte de la vida cotidiana en Inflamable, ya sea para proponer su propia definición de los verdaderos problemas (y sus soluciones), ya sea para publicitar el sufrimiento de los vecinos (y sus causas), o bien para diagnosticar sus padecimientos y ofrecer paliativos para sus dolores, o sea, para generar expectativas (a veces, un tanto quiméricas) sobre futuras compensaciones por el daño presente.

Las páginas que siguen se adentran en la experiencia de la contaminación vivida por los residentes de Villa Inflamable: ¿Cómo es que los habitantes del lugar le dan sentido al peligro tóxico? ¿De dónde proviene este entendimiento, a veces, compartido? Para adelantar lo que argumentaremos: en primer lugar, existen múltiples, confusos y (muchas veces) contradictorios puntos de vista sobre el hábitat contaminado. También detectamos cierta ceguera y/o negación sobre las fuentes y los efectos de la toxicidad. En las páginas que siguen, reuniremos estos diversos puntos de vista "tal y como aparecen en la realidad, no para relativizarlos en un número infinito de imágenes transversales sino, por el contrario, mediante la simple yuxtaposición, para poner en escena todo lo que resulta cuando visiones diferentes y antagonistas del mundo (tóxico) se enfrentan entre sí" (Bourdieu *et al.*, 1999, pág. 3).[1] Intentaremos reproducir lo que para nosotros es la

---

1. Todas las citas fueron traducidas por los autores.

característica definitoria (y quizás más perpleja) de la experiencia colectiva de la contaminación en Inflamable: contra las representaciones simplistas y sesgadas (creadas desde fuera, muchas veces por los medios de comunicación masiva) que construyen este lugar como si estuviese habitado por gente que piensa y siente la toxicidad de una manera única y monolítica, la etnografía nos revela la presencia de una gran diversidad de visiones y creencias muy enraizadas. Más que una multitud determinada, levantada en armas contra el asalto tóxico, Inflamable está dominada por las dudas, la ignorancia, el error, las contradicciones. Éstas, veremos, se transforman en dudas (relativas, por ejemplo, a la extensión y efectos de la polución), en divisiones (entre los "vecinos viejos" y los "villeros", siendo estos últimos los únicos verdaderamente contaminados) y en un largo e indeterminado tiempo de espera (esperan que los jueces dicten sentencia y les adjudiquen una indemnización millonaria, esperan que vengan los abogados con noticias, esperan que los funcionarios decidan relocalizarlos, esperan que las compañías los erradiquen del lugar, etcétera).

En segundo lugar, la confusión, la negación y las contradicciones provienen de: a) la propia naturaleza de la contaminación (las fuentes de polución son múltiples y, en el caso de sustancias específicas, desconocidas); b) los discursos y las prácticas, negadoras y contradictorias, de funcionarios estatales, abogados, doctores, reporteros y personal de las empresas del polo que vienen a conformar una auténtica labor de confusión; c) la historia de los habitantes de la zona que, como sobrevivientes de este lugar envenenado, muchas veces utilizan sus propios cuerpos para desechar la existencia de la contaminación, desplazándola hacia el polo o hacia la zona aun más destituida (la verdadera "villa") y d) la constante amenaza de erradicación o relocalización que, en sí misma, introduce una poderosa fuente de incertidumbre. La confusión, la negación y la ambigüedad son, como señalamos en la introducción, socialmente construidas (Vaughan, 1990, 1998, 1999, 2004; Eden, 2004). Lejos de ser la consecuencia normal de un conocimiento siempre imperfecto, la perpetuación de la ignorancia, el error y la duda son la "consecuencia política de intereses en conflicto y de apatías estructurales" (Proctor, 1995, pág. 8). En lo que sigue, procuraremos presentar los diversos puntos de vista sobre la contaminación en Inflamable y luego intentaremos explicar su razón sociopolítica.

Las categorías de los dominantes

Cuando hace tres años comenzamos a hacer la investigación exploratoria para este proyecto, uno de nosotros se contactó con la representante de relaciones públicas de Shell. En una conversación telefónica, de manera muy amable pero firme, Isabel Corduri nos dijo que "hace cinco años, antes que la gente de la Villa 31 fuera erradicada de la Capital Federal hacia Inflamable, este lugar era muy seguro. Uno podía salir a las 2 de la mañana como si estuvieses caminando por Nueva York a las 2 de la mañana; ahora, el personal de la refinería tiene que salir con custodia". Ella se mostró muy segura respecto de la información publicada en medios gráficos nacionales sobre la contaminación en Inflamable: "ésas son todas mentiras, no perdemos el tiempo en contestarlas". Cuando le preguntamos sobre la contaminación por plomo examinada en el informe de la JICA, la RR.PP. de Shell fue contundente: "Shell no utiliza plomo". Fue allí cuando nos pidió una lista de preguntas específicas a los efectos de derivarnos a la persona indicada que nos pudiera contestar, pero inmediatamente nos adelantó que "la persona encargada de medioambiente" se acababa de jubilar "y todo el tema es ahora coordinado desde Brasil". El personal técnico de Shell "está muy ocupado", dijo, y como para terminar nuestra conversación añadió, "dudo que los puedan atender".

Uno de nosotros consiguió una entrevista con Axel Garde, gerente de salud, seguridad, medio ambiente y calidad de Shell, un ingeniero industrial que ha trabajado en la compañía durante los últimos veinticinco años. Garde tiene muchas cosas muy interesantes para decir sobre la relación entre la compañía, el polo y el barrio. Sus afirmaciones coinciden y amplían las sucintas frases de la persona encargada de relaciones públicas de Shell. También ofrecen la mejor síntesis de la manera en que Shell ve al barrio y a sus habitantes. Garde no quiso que la entrevista fuera grabada a pesar de que, durante nuestra larga conversación, se quejó amargamente de las muchas maneras en que los periodistas consuetudinariamente distorsionan sus dichos. A continuación presentamos una versión resumida del diario de campo de Javier.

Notas de campo de Javier

8 de julio de 2005

Luego de leer los dos estudios de JICA, docenas de páginas de entrevistas con vecinos y gran cantidad de noticias periodísticas, finalmente puedo lograr entrar a Shell. Axel Garde me confirmó la entrevista, recomendándome que llamara a un remis en particular para llegar allí. Ellos conocen el polo, aquí hay un problema de safety, escribió en inglés, por e-mail.

Es la primera vez que voy a Inflamable en remis. El conductor de la compañía BLUE conoce el camino, "trabajamos para Shell, llevamos gente desde y hacia el polo todos los días". El conductor me dice que los autos que van de la capital son diferentes que los que están esperando fuera del polo (como el que me tomé al regreso): "Estos (los que van de la capital) son más nuevos. Los que están mejor se quedan afuera del polo, está la villa ahí, uno nunca sabe". El conductor me anticipa lo que escucharé de parte de Garde luego: a pesar de la intensa relación entre el barrio y la empresa, son percibidos como dos mundos separados, uno seguro y cierto (Shell), el otro peligroso y contaminado (el barrio).

No puedo evitar tomar nota de la camisa de Garde –con su logo de un conocido club de polo (toda una señal de pertenencia de clase en el país). *Durante nuestra larga y amable conversación, Axel combina su inglés perfectamente pronunciado con el español y denota una gran familiaridad (más que la mía) con los eventos sociales y políticos de los Estados Unidos.*

No nos demoramos mucho en llegar al tema que me trajo hasta aquí: la contaminación ambiental que produce el polo. Respecto de la polución, Garde es concluyente (aunque, a mi juicio, contradictorio). Por un lado, en varias oportunidades dice que el área en la cual está ubicada Inflamable "no es apta para ser habitada porque es una zona industrial". Por otro lado, también dice que "los habitantes de Inflamable no tienen problemas que estén asociados a las actividades industriales. Los problemas del barrio están asociados con la pobreza: drogas, alcohol, etcétera". "Acá", asegura Garde, "todos apuntan a lo que hay dentro del polo. Pero no se dan cuenta de lo que tienen en sus casas. Baterías de auto, basura. La contaminación no viene tanto de la actividad industrial sino de la manera en que la gente vive [...] Los vecinos no saben lo que tienen a su alrededor. El plomo está en todas las villas. No sólo en Inflamable. El plomo tiene que ver con la pobreza, con el hecho de que la gente pobre se arregla con lo que tiene alrededor, con lo que puede, por ejemplo, reciclando baterías de auto [...] El plomo no está en la villa, sino que los villeros lo traen a la villa *porque salen a cirujear, llenan sus terrenos con desechos" (el resaltado es mío). En el transcurso de nuestra conversación, Garde retorna al tema de las propias acciones de los villeros como la causa principal de la contaminación: "Fijate el agua, por ejemplo. El agua está contaminada porque se enganchan a los caños de agua de manera ilegal y ésta es zona de pantanos. Por eso el agua está contaminada".*

Garde distingue claramente entre la zona más antigua del barrio, a la cual denomina (no sin algo de ironía clasista) "área premium" y "la villa". Los residentes del "área premium" "tienen derecho a vivir acá porque son los dueños"; los residentes de la villa, por el contrario, "no tienen derecho. Ahora están esperando que los indemnicen con la erradicación. Pero no se quieren ir porque están a cinco minutos de la capital". Enseguida señala que los villeros "*ven la posibilidad de hacer negocio*" con el informe de JICA. Esta afirmación lo lleva a criticar el trabajo de investigación de JICA diciendo que el monitoreo del aire (conocido como JICA I) fue un "*estudio serio. Y no demostró nada respecto de la contaminación del aire*". JICA II (el estudio epidemiológico), por el contrario "*es nulo, de nulidad absoluta. Tiene un montón de errores. Entre ellos, el tema del plomo*". Luego describe lo que él percibe como la verdadera fuente del plomo y otros tóxicos: la fuente no está en el medio ambiente sino en las propias acciones de los villeros. "*El plomo es una enfermedad de la pobreza, una enfermedad de la persona que cirujea en la basura. El tolueno que encontraron no viene del ambiente sino de los medicamentos que toma la gente, de los conservantes que tienen las gaseosas que consumen. Otro ejemplo de JICA, el benceno. Éste no proviene de las actividades industriales sino del hecho de que la gente acá fuma y usan madera para calentar sus casas*".

Cuando concluíamos nuestra charla, Garde me dice que: "*Los vecinos saben que Shell no es el problema*" y luego menciona al personal de Shell como la mejor prueba de que la compañía se preocupa por el medio ambiente (algo que también se enfatiza en los reportes anuales de la empresa): "*Los trabajadores no están afectados, los controlamos periódicamente*". Y luego, en una afirmación que escuché en varias oportunidades de parte de los vecinos de Inflamable, añade: "*Yo tampoco estoy afectado, toco madera, hace veinticinco años que estoy acá*". No sin un dejo de tono condescendiente que proviene de su superior conocimiento técnico, concluye diciendo: "*Tenés que distinguir los* facts and findings *(hechos y hallazgos) de las interpretaciones políticas. Hay argumentos técnicos y hay emociones. Yo me baso en* facts and findings, *el resto es todo política*".[2]

---

2. En una reunión con un periodista del diario *Página 12* (en la que Axel Garde estaba presente), el gerente general de la refinería, Blas Vince, aseguraba que "En la última década, Shell invirtió 250 millones en áreas de seguridad en medio ambiente". Otros gerentes le dijeron al periodista que todo "está bajo control, no hay pérdidas y los riesgos de accidentes son fantasías" ("El Polo Sur". *Página 12*, 23 de junio de 2002 Suplemento Radar).

La imagen de Shell: seguridad y responsabilidad

Los informes anuales de Shell (publicados en coloridos catálogos y también accesibles en la página web de la empresa) proyectan una autoimagen positiva. Un conjunto de frases son invocadas en reiteradas ocasiones en las tres ediciones que consultamos (2001; 2002-2003; 2003-2004): desarrollo sustentable, responsabilidad social empresaria y protección del medio ambiente y de las futuras generaciones.

En una sección titulada "Cómo queremos que nos perciban", bajo el título "La imagen de Shell", se lee que "Shell-Capsa aspira a ser líder en los aspectos económicos, ambientales y sociales" (2001, pág. 49). En la sección titulada "Nuestro compromiso con la salud, la seguridad y el medio ambiente", se puede leer: "En la compañía todos estamos comprometidos a: perseguir el objetivo de no causar daño a la gente; proteger el medio ambiente [...]; alcanzar un desempeño que nos enorgullezca en Salud, Seguridad y Medio Ambiente; ganar la confianza de clientes, accionistas y de la sociedad en general; ser buen vecino y contribuir así al desarrollo sustentable" (2001, pág. 50).

Dos temas en estos informes llamaron nuestra atención: la manera en que Shell lidia con el (potencialmente perjudicial) estudio de JICA y la forma en que la compañía enmarca su política respecto de la comunidad lindera –esto es, Villa Inflamable–. Con respecto al estudio de JICA, los informes son consistentes. En el año 2001, mientras se realizan los estudios de calidad de aire, se detallan las diferentes emisiones gaseosas producidas por la refinería (dióxido de carbono, dióxido de azufre y óxidos de nitrógeno) y se describe cuidadosamente su reducción progresiva (en cada edición se documenta esta disminución anual). En una sección titulada "Calidad del aire", la edición de 2001 se refiere al monitoreo de contaminantes que estaba siendo realizado por la municipalidad local, la Secretaría de Política Ambiental de la provincia de Buenos Aires, la Secretaría de Medioambiente y Desarrollo Sustentable de la Nación y el

Gobierno de la Ciudad de Buenos Aires con fondos provistos por una agencia de cooperación japonesa (JICA). Luego de informar que Shell ha prestado su propia estación móvil de monitoreo para colaborar con el estudio, el informe anual señala que, en términos de contaminantes básicos incluidos en el monitoreo, "los valores medidos se encuadran dentro de la norma establecida de calidad de aire ambiente" (2001, pág. 27).

En la sección que lleva por título "Refinería Buenos Aires de Shell y el Polo Petroquímico Dock Sud", el informe 2002-2003 (pág. 9) dice que: "En Shell somos los primeros interesados en que los controles en materia ambiental sean efectivos, ya que somos una empresa que opera responsablemente, cumpliendo con estándares establecidos por la legislación nacional y con los definidos por el Grupo Shell que, en muchos casos, son más exigentes aún". Luego de describir (como lo hace el de 2001) las certificaciones internacionales recibidas por Shell por su *performance* medioambiental y la inversión que la empresa ha realizado para mejorar la seguridad y la protección del medio ambiente, el informe se ocupa del estudio epidemiológico de JICA (realizado durante el año 2003). Allí se afirma que: "En cuanto a la disposición del plomo mientras el mismo se utilizaba en la formulación de naftas, siempre se realizó de forma absolutamente segura. Shell-Capsa nunca realizó enterramientos de plomo orgánico. Tampoco en ninguna de las emisiones gaseosas de la Refinería Shell existe posibilidad alguna de emitir plomo metálico en forma de vapores o particulado" (2002-2003, pág. 10). El informe reitera la cesión de su "Unidad Móvil de Monitoreo del Aire" para la realización del estudio y luego termina la sección expresando que: "Shell comprende la preocupación de la comunidad de Dock Sud, que legítimamente busca respuestas frente a una situación que la preocupa. Y coincidimos con la necesidad de que exista la más amplia, transparente y confiable información sobre este plan de monitoreo".

La última versión del informe anual a la que tuvimos acceso (2003-2004) contiene un párrafo prácticamente idéntico relativo al estudio de JICA. Luego de puntualizar la necesidad de clarificar algunas "cuestiones de orden técnico" (pág. 21), el reporte asegura que: "En cuanto a la disposición de residuos de plomo orgánico utilizado hasta hace 10 años en la formulación de naftas, se realizó en forma absolutamente responsable y en línea con las prácticas locales e internacionales aceptadas".

Con respecto a lo que Garde define como "planes de promoción social", los informes retratan a una compañía que se preocupa profundamente por sus vecinos. En la página 45 de la edición del año 2001, en una sección titulada "Programas con la comunidad", se describe la "política de puertas abiertas" de la refinería en los siguientes términos: "En Shell entendemos que el compromiso con el desarrollo sostenible requiere de una activa participación corporativa con la comunidad y la sociedad civil. De allí deriva nuestra actitud a favor de la política de puertas abiertas al público". El informe luego describe las visitas guiadas a la refinería que se organizan semanalmente. En esta misma línea, en un sección titulada "Consulta con nuestros vecinos", la compañía se congratula por su imagen positiva: "Una investigación en la zona de influencia de nuestra refinería [...] permitió conocer la percepción de los vecinos sobre las operaciones Shell-Capsa [...] los habitantes *ubican a Shell como la compañía con mejor imagen en el lugar*. Se la ha considerado como la empresa que más colabora con el barrio" (el énfasis aparece así en el original). Esta ayuda llega al barrio como "actividades de inversión en la comunidad" las cuales son descriptas en detalle en las diferentes ediciones del informe anual, dado que constituyen una manera de ejercitar la

> responsabilidad social corporativa. Es una inversión que tiene beneficios a dos puntas: para la empresa y para la comunidad. Un ejemplo de esta acción es el que se viene registrando desde hace mucho tiempo en la Refinería Buenos Aires, ubicada en Dock Sud. Allí, además de impulsar el crecimiento industrial del área durante más de setenta años, Shell está comprometida con el desarrollo de la comunidad local, razón por la cual realiza múltiples iniciativas destinadas a mejorar la infraestructura de la zona y a fomentar así el bienestar de los vecinos (pág. 47).

La edición siguiente se percata de la profunda crisis económica del año 2001 en los siguientes términos: "En épocas como las que vivimos, la ayuda social deja de ser una opción para una compañía como Shell y se convierte en una obligación ineludible" (2002-2003, pág. 53). Luego informa sobre la distribución de fondos a la escuela local y al centro de salud. En la última edición se informa sobre las nuevas actividades de "inversión social" (entre ellas, los programas de promoción social llevados a cabo bajo el nombre "Creando vínculos" en Inflamable –descripto más adelante– y se hace notar que "las organizaciones comunitarias reconocen el esfuerzo económico de la firma, pero especialmente aprecian el 'vínculo personal' que Shell ha establecido con ellas" (2003-2004, pág. 43). Así, vemos cómo la imagen que Shell proyecta es la de una compañía que no es sólo responsable y segura sino que se preocupa personalmente por sus vecinos.

Escudriñando la lógica corporativa

De regreso en los Estados Unidos, uno de nosotros comenzó a interiorizarse en el conocimiento que existe sobre la relación entre refinerías de petróleo y la presencia de plomo en sus alrededores.

Wilma Subra, quien trabajó en varios comités asesores en la Environmental Protection Agency (EPA) de los Estados Unidos, gentilmente compartió su saber científico con nosotros:

> Las refinerías que produjeron en algún momento naftas con plomo [como lo hizo Shell hasta 1995] han contaminado los suelos de las zonas adyacentes con plomo. Una gran cantidad de plomo acumulado en los suelos proviene de emisiones pasadas. Este plomo ha sido relacionado con niveles elevados de plomo en niños y niñas y con altos niveles de plomo en la leche materna. Hasta que los suelos y desechos contaminados sean saneados, el plomo continuará teniendo un impacto en la comunidad.

También aprendimos que, como parte de sus operaciones de rutina, las refinerías emiten cantidades masivas de dióxidos, compuestos volátiles orgánicos, material particulado, óxidos de nitrógeno y monóxido de carbono. Estos contaminantes forman ozono a nivel del suelo y partículas muy finas suspendidas en el aire.[3] Tuvimos entonces una segunda conversación, esta vez por correo electrónico, con Axel Garde, quien cuestionó nuevamente las afirmaciones que relacionan las actividades pretéritas de la refinería con la presencia de plomo en el ambiente de Villa Inflamable. Nos aseguró, entre otras cosas, que:

a) las refinerías no emiten plomo sino que lo hacen los vehículos que usaban gasolinas activadas con plomo; b) previo a la desactivación de los aditivos con plomo, la disposición de barros en oportunidad de tareas de limpieza de tanques se realizó mediante incineración o mediante el uso de hornos cementeros; c) el plomo orgánico se trataba con permanganato de potasio para oxidarlo y posteriormente inmovilizarlo con cemento en fosas; d) ninguna refinería responsable tiró barros; e) el área de Villa Inflamable nunca fue un vaciadero de basura, barros u otras yerbas de parte de las industrias locales y especialmente de nuestra refinería [...] sí llegaron a la zona residuos de origen y características desconocidas traídos por camiones clandestinos, o bien por los propios habitantes irregulares que se dedican a tareas de cirujeo. También hay gente que trajo residuos u escombros, tierras, etc., para levantar el nivel del piso, ya que la zona es un bañado. En ese relleno puede haber cualquier cosa –pero no producida por el Polo sino por la permisividad y falta de fiscalización para ejercer un control efectivo de entrada por parte de las autoridades–; f) la entrada del plomo es fundamentalmente por vía digestiva, salvo que te dediques a fundir o soldar con plomo, en ese caso es por vía respiratoria. Los combustibles en las calles no cuentan, ya que hace más de 10 años que en Argentina no hay nafta con aditivos de plomo. Para la vía digestiva preferentemente es el agua de consumo, obtenida por la gente de Villa Inflamable en condiciones subhigiénicas. Esta gente se dedica a "pinchar" las

---

3. www.epa.gov, consulta realizada el 20 de septiembre de 2005.

líneas de Aguas Argentinas y usan mangueras y bombas chupadoras para captar y llevar el agua a sus casillas, donde las almacenan en Dios sabe qué recipientes. Las mangueras pasan por zonas bajas, inundadas, llenas de inmundicia, producto de los vertidos anteriormente mencionados, a los que se suman las actividades alternativas de esta gente –algunos hasta recuperan plomo y lo funden *on site*–. Con esa calidad de agua preparan alimentos y la consumen. No es de extrañar que la gente se intoxique y que las madres puedan transferir el plomo vía leche materna. Es un ciclo vicioso.

Para finalizar, nos escribió que "la refinería e industrias del polo poco tienen que ver con las condiciones de extrema pobreza y total falta de higiene en las que vive esta gente. Esa gente NO debería vivir allí pero fue traída en parte a la zona por la miseria y por intereses políticos" (el énfasis está en el original).

Luego de más dos años de intensiva lectura sobre salud ambiental y movimientos ambientalistas, y luego de consultar con expertos sobre el tema, no estamos en condiciones de confirmar o cuestionar las afirmaciones de Shell. Y esto se debe, principalmente, a que los organismos gubernamentales a cargo de controlar y regular las actividades de las industrias del polo (y de producir conocimiento independiente sobre el mismo) están ausentes: lo que se sabe sobre Shell y sobre las otras compañías del polo proviene de ellas mismas. El ex Secretario de Medio Ambiente de la municipalidad de Avellaneda (donde está localizado el polo) y ex- Subsecretario de Desarrollo Sustentable de la Secretaría de Política Ambiental de la provincia de Buenos Aires nos lo dijo de esta manera: "hay una casi total ausencia de información y control sobre lo que ocurre dentro del polo". En una entrevista realizada en julio de 2006, la actual secretaria de medioambiente de Avellaneda nos dijo que más del 80% de los productos químicos utilizados en Argentina entra a través del polo y quedan almacenados allí. Admitió sin embargo no conocer en detalle cuáles eran estos productos. También reconoció que no hay monitoreo de los desechos producidos durante la limpieza de los tanques de almacenamiento ni de los gases que estos tanques con productos químicos emiten. De esta manera, nos es imposible saber si las versiones de Shell sobre las emisiones y la disposición de los desechos son ciertas o no: ninguna agencia estatal supervisa adecuadamente sus actividades.

A pesar de esta crucial limitación, comencemos haciendo lo que nos sugiere el ingeniero Garde, separar los *facts and findings* de las interpretaciones. No nos interesa disputar o afirmar la posición de Shell, queremos escudriñarla lógicamente. La razón para hacerlo se tornará más clara en las páginas que siguen: más de un vecino en Inflamable comparte las percepciones y evaluaciones de Shell.

En primer lugar: ¿qué sabemos sobre el plomo? La investigación sobre los orígenes y efectos del plomo es vasta (Berney, 2000; Warren, 2000; Markowitz y Rosner, 2002; Widener, 2002). El plomo en el medio ambiente es producto de su uso en la industria y se acumula en el cuerpo humano (en la sangre, en los tejidos y en los huesos) en proporción a la cantidad que se encuentra en el medio ambiente. Es absorbido por el cuerpo desde el ambiente y esta absorción (medida en la materia fecal, en la orina, en la sangre y en los tejidos) es un indicador de exposición y envenenamiento (Berney, 2000, pág. 238). De acuerdo a la EPA de los Estados Unidos, el plomo "puede causar una gama de efectos en la salud, desde problemas de conducta hasta problemas de aprendizaje, convulsiones y muerte".[4] Es un veneno que afecta el cerebro, los riñones y el sistema nervioso de formas muy sutiles y con dosis bajas (sobre el cambio histórico en los niveles que son considerados "normales", véase Berney, 2002; Widener, 2000). Una alta exposición al plomo puede causar "encefalopatía y muerte, dosis más bajas causan retardos severos, dosis menores producen problemas en la escuela, pequeños pero significativos cambios en el coeficiente intelectual y otros efectos en el sistema nervioso central" (Berney, 2000).

---

4. íd., se accedió al sitio el 16 de septiembre de 2005.

En segundo lugar: ¿de dónde proviene el plomo? Los informes de JICA I y II no son concluyentes al respecto. Pero dan algunas pistas: el plomo en el aire de Inflamable (2,5ug/m^3) es más alto que los niveles límite establecidos por el Estado (1,5 ug/m^3). El arroyo Sarandí que bordea la villa está contaminado con plomo (y cromo). En mayo de 2001, Greenpeace "tomó una muestra en las cercanías de Tri-Eco (incinerador) [...] la muestra reveló la presencia de altos niveles de plomo, cadmio, cromo, cobre y zinc en los sedimentos asociados a la descarga de efluentes" (Greenpeace, 2001). Expertos entrevistados apuntan a las sustancias químicas enterradas en la tierra sobre la que los niños y niñas del lugar juegan y a través de las cuales atraviesan los caños de agua como otra posible fuente de contaminación. Prácticamente todos los vecinos más antiguos de Inflamable recuerdan que solían parar a los camiones que provenían del polo y pedirles que arrojaran sus descargas en los fondos de sus casas para nivelar sus terrenos y ganar tierra a los bañados. Varios expertos nos dijeron también que, durante mucho tiempo antes de que las leyes regularan la deposición de material tóxico, las compañías del polo solían utilizar a Villa Inflamable como un basural gratuito. Un ejemplo es el de YPF, la que fuera hasta 1992 la empresa estatal de petróleo, a la que le ordenaron hace pocos años limpiar una importante área de Inflamable donde "fueron arrojados residuos del proceso de refinado".[5] El plomo, en otras palabras, puede provenir de muchos lugares, de prácticas industriales (no controladas) pasadas y presentes.

En tercer lugar: ¿dónde se encontró el plomo? Si bien el envenenamiento por plomo y la pobreza están relacionados, no todas las zonas pobres están igualmente afectadas por esta sustancia. En esto, el informe de JICA II es concluyente: como describimos anteriormente, los residentes de Inflamable están

---

5. Comunicación personal con Máximo Lanzetta, quien ejercía en el momento de esa conversación el cargo de Subsecretario de Desarrollo Sustentable de la Secretaría de Política Ambiental de la Provincia de Buenos Aires, 21 de octubre de 2005.

más expuestos que los de otro barrio igualmente pobre. Respecto de las diferencias dentro de Inflamable: ¿dónde se localizan los casos de altos niveles de plomo? Tuvimos acceso a la base de datos originalmente construida por los investigadores de JICA II. A diferencia de lo que asegura Shell, no hay evidencia alguna sobre un agrupamiento (*clustering*) de casos de intoxicación dentro de la zona más destituida del barrio ("la villa"). No es cierto que el envenenamiento sea un problema "villero". Tampoco son ciertas las afirmaciones de Shell respecto de la intoxicación con benceno: el estudio de JICA tiene en cuenta la presencia de fumadores y de estufas a leña. Esto de ninguna manera (y queremos acentuar este punto) prueba que Shell sea responsable; simplemente arroja dudas fácticas a sus aseveraciones técnicas.

No queremos entrar en la lógica del enjuiciamiento. No es nuestra tarea como científicos sociales. Sólo nos interesa enfatizar nuestra sorpresa cuando, leyendo la historia de "engaño y negación" de la industria del plomo en los Estados Unidos (Markowitz y Rosner, 2002), encontramos paralelismos retóricos entre las afirmaciones de Shell concernientes a la localización del envenenamiento por plomo y las prácticas que lo causaban, con aquellas realizadas por los representantes de la industria del plomo en los Estados Unidos. Curiosamente, tanto Shell como la industria del plomo en los Estados Unidos apuntan a las villas (*slums*) como las depositarias del plomo y a la conducta de los destituidos como la causa de su envenenamiento.

De acuerdo a Markowitz y Rosner, la primera evidencia de envenenamiento por plomo en niños en los Estados Unidos data de 1914, cuando un chico de Baltimore murió luego de ingerir "pintura blanca con plomo de la baranda de su cuna" (pág. 42). En ese momento, la industria del plomo y sus defensores propusieron un argumento que apuntaba a culpabilizar a las víctimas sosteniendo que:

> El verdadero "culpable" era el niño. Fueron capaces de hacerlo porque en los años veinte muchos veían al envenenamiento infantil con plomo como resultado del comportamiento patoló-

gico del niño. Algunos de los médicos que reportaban casos de envenenamiento por plomo en niñas y niños lo describían como resultado de otra condición, llamada *pica*, que era considerada como una anormal tentación por sustancias no ingeribles; ese diagnóstico cuestionaba al comportamiento del propio niño ya que pica estaba asociada al retraso mental (id.: pág. 43).

El plomo, de acuerdo a los representantes de la industria, no causaba que los niños y niñas fueran anormales; los niños y niñas con pica, enfermedad que generaba el hábito de masticar sustancias no ingeribles (como el plomo), eran anormales con anterioridad. En el caso de los trabajadores, la industria del plomo culpaba a sus prácticas de higiene personal. Como afirman Markowitz y Rosner: "La industria siempre ha culpado a los hábitos personales de los trabajadores como, por ejemplo, morderse las uñas, falta de disposición para bañarse, desarreglo en general y, en particular, una resistencia a lavarse las manos y una afinidad a utilizar ropa sucia como la 'verdadera' fuente del envenenamiento por plomo" (íd.: pág. 139). Esta estrategia de "culpar a la víctima" duró largo tiempo. En los años cincuenta, Lead Industries of America[6] aún reaccionaba como lo señalaban Markowitz y Rosner: frente a reportes que informaban sobre las enfermedades en niños mediante una culpabilización de las víctimas y sus familias. En 1956, [Manfred] Bowditch [director de salud y seguridad de Lead Industries of America], en una comunicación privada con Felix Wormser [el antecesor de Bowditch] luego de que un artículo [sobre chicos enfermos con plombemia] fuera publicado en la revista *Parade*, notaba que "aparte de los chicos envenenados [...] esto es un problema serio desde el punto de vista de la publicidad negativa". El problema básico eran los "slums" y para lidiar con ese tema era necesario "educar a los padres. Pero la mayoría de los casos están en las familias negras y puertorriqueñas", y "¿Cómo", se pregunta Bowditch, "es que uno encara el tra-

---

6. LIA es la organización que nuclea a las distintas empresas vinculadas a la industria del plomo. Fue creada en 1928.

bajo?" [...] *"El problema del envenenamiento con plomo en los niños estará entre nosotros siempre que existan los slums"* (íd.: pág.103, el énfasis es nuestro).

Con cincuenta años de diferencia entre sí, los expertos de la industria del plomo y sus representantes en los Estados Unidos y el personal de Shell parecen compartir el mismo punto de vista en lo que hace a la contaminación por plomo en los niños: era, y es, un problema de los enclaves de pobreza urbana (llámeselos *slums* o villas) y es el resultado de las propias prácticas de sus habitantes, no de un ambiente saturado con esa sustancia. En lo que se asemeja bastante al largamente desacreditado (al menos entre científicos sociales) argumento de la "cultura de la pobreza", los dominantes dicen que los pobres y los dominados se envenenan con plomo debido a su comportamiento descuidado.[7] Es interesante notar que una lógica similar surge inmediatamente después del desastre industrial en Bhopal (India). Luego de que entre treinta y cuarenta toneladas de metil isocianato (MIC) escapasen de la planta de Union Carbide, funcionarios de la empresa atribuyeron la gran cantidad de muertes causadas por esta sustancia química letal "al comportamiento de las víctimas" acentuando que aquellos que corrieron o que no se cubrieron la cara enfrentaron un riesgo mayor (Das, 1995). Este argumento fue luego complementado por otro más bio-

---

7. En su análisis de la relación entre incertidumbre, contaminación y política en Teesside (Inglaterra), Phillimore *et al.* (2000) señalan un proceso similar. Luego de afirmar que, "cuando están implicadas las actividades de grandes corporaciones" (pág. 217) la epidemiología ambiental es bastante contenciosa, estos autores describen las maneras en que la industria y el gobierno en Teesside "arrojan dudas sobre cualquier vínculo plausible entre la contaminación industrial del aire y la mortalidad (pág.224). Desde el punto de vista dominante, la pobreza (material y simbólica) es la principal causa del padecimiento. Como escriben estos autores: "En la vida política de Teesside, la pobreza es un tema menos contencioso que la contaminación. *Mediante una magnificación de los bien establecidos vínculos entre la pobreza o el desempleo y la salud como una explicación a la desigual distribución de la salud, cualquier rol que la contaminación pueda tener en esta ecuación es efectivamente debilitado*" (el énfasis es nuestro).

lógico, igualmente ofensivo.[8] Das describe esta línea de razonamiento:

> Decía que la mayoría de las víctimas sufría de desnutrición o de alguna enfermedad previa, como la tuberculosis; de esta manera no era posible distinguir entre una enfermedad causada por la inhalación de MIC de aquella que podría haber resultado de una combinación de factores, como por ejemplo una historia de enfermedad pulmonar.
>
> Esto era como decir que debido a que los humanos no son como animales de laboratorio, la injuria tóxica a sus cuerpos producida por la inhalación de metil isocianato –sobre la cual la ciencia no posee conocimiento definitivo– no podía ser vinculada de manera decisiva a las enfermedades encontradas. Uno podría refrasear para significar que aquellos cuyas vidas ya han sido desvastadas por la pobreza y la enfermedad difícilmente puedan reclamar una justa compensación simplemente sobre la base de una exposición adicional al desastre industrial. Esta transformación profesional de la experiencia del sufrimiento, engañosamente codificada en el lenguaje de la ciencia, termina por culpar a la víctima por su sufrimiento.

Más allá de las estrategias discursivas similares, centramos nuestra atención en las aseveraciones relativas a la causa y distribución de la contaminación por plomo realizadas por Shell porque, como veremos en breve, encuentran eco en las categorías de percepción y evaluación de los residentes de Inflamable. Criterios diferentes, que a veces coexisten en el mismo individuo, organizan las visiones y juicios que tienen los residentes respecto del polo, la compañía y el barrio. Algunos creen, como nos dijo Garde de manera contundente, que "Shell no es el problema" sino que el verdadero origen de la contaminación está en la villa y sus habitantes. Otros, si bien desplazan la polución a la zona más destituida del barrio, tienen

---

8. Sobre el "engaño organizacional" como una poderosa fuente de enemistad y discordia en la salud ambiental, véase Brown *et al.* (2000) y el estudio clásico de Clarke (1989) sobre la contaminación con PCB en Binghamton.

Mundos y palabras tóxicas 113

menos certezas respecto de Shell. Y de alguna manera parecen saber que, si bien Shell puede tener algo de responsabilidad en el tema, no hay mucho que uno pueda hacer contra, como lo definió una vecina, "ese monstruo". Otros sin embargo no tienen dudas; como nos decía Samanta (una estudiante de 16 años de la escuela local): "Shell nos está enfermando". Antes de adentrarnos en el punto de vista envenenado, concentraremos nuestra atención en otra instancia (reveladora por lo que esconde) del discurso dominante.

Shell, sponsor del club de fútbol local

No hablemos del plomo

En el barrio, Shell está en todas partes: en los camiones que entran y salen, en los logos de las remeras que utilizan las niñas y niños, en los diferentes "programas especiales" que la compañía financia en el barrio. María Soto, cuya historia abre este capítulo, asistía a uno de esos programas en la escuela local (un programa de nutrición llamado "Juguemos a alimentarnos bien") cuando uno de los coordinadores le pidió permiso para incluir una foto de María Rosa, su hija, en el catálogo que Shell estaba preparando para publicitar sus actividades de promoción social en el barrio. "Pero Rosa tiene plomo" fue la respuesta dubitativa de María. El trabajador social que la contactó no vio en esto un inconveniente. María firmó un consentimiento y meses más tarde recibió su copia del catálogo.

Es un catálogo magníficamente producido, a todo color, con varias fotos de María Rosa y de otros niños y niñas jugando en las hamacas en el patio de la escuela local, leyendo, sonriendo, siempre sonriendo. En la tapa del catálogo se lee: "Lecciones aprendidas. Shell y la comunidad. Concurso de proyectos sociales 2003-2004". La carta del presidente de Shell, Juan José Aranguren, que abre el catálogo, enfatiza las "políticas activas" que la empresa implementa para fortalecer la relación entre la compañía y la comunidad en la que opera. El catálogo luego describe y evalúa el programa "Creando Vínculos" que incluye veinte "proyectos sociales" parcialmente financiados por Shell. El principal objetivo del programa es "contribuir a mejorar la calidad de vida de niñas, niños y adolescentes que viven en situación de pobreza y exclusión en el Partido de Avellaneda" (pág. 7). El programa "privilegió el trabajo en la zona más crítica del partido: la comúnmente denominada Villa Inflamable" (ibíd.). El número total de beneficiarios del programa, de acuerdo a la información del catálogo, es de 4.042 personas, la mayoría menores de entre 5 y 17 años. La inversión total fue de 88 mil dólares de los cuales el 30% (aproximadamente 29 mil dólares) fue contribución de Shell (de acuerdo al reporte anual del año 2004, Shell invirtió 6,7 millones de dólares en la refinería de Dock Sud). Admitiendo implícitamente la magra suma (en relación con la inversión), el catálogo acentúa que "los recursos económicos no siempre son lo más importante en un programa social, el recurso humano imposible de cuantificar es el que marcó la diferencia y valor agregado en esta labor" (ibíd.). El catálogo concluye con varias reflexiones sobre la responsabilidad social empresaria y con un llamado a fortalecer las relaciones entre el mundo empresario, las organizaciones de la sociedad civil y la comunidad –reflexiones que aparentemente surgieron de la experiencia de "Creando Vínculos"–.

En la página 14, el catálogo describe uno de los proyectos llevados a cabo en la escuela local de Villa Inflamable. Una foto de los alumnos jugando en las coloridas hamacas del parque encabeza la página en la que se describe el proyecto "Abriendo Caminos". Las actividades realizadas en esta iniciativa, se lee, fueron tres: "Construcción de la plaza lindera/aporte reja. Pintura del patio de la escuela. Arreglo de aulas e infraestructura en general".

Plaza lindera a la escuela local

La plaza está, en realidad, en el estado de abandono que se ve en la foto aquí incluida. No hay hamacas, el tobogán está roto y los otros juegos que aparecen en el catálogo tampoco están allí (ni siquiera el pequeño árbol). No estamos sugiriendo mala fe corporativa: no pensamos (y no tenemos evidencia alguna para sugerir semejante afirmación) que el catálogo haya sido un montaje para cubrir las condiciones reales en las que viven los niños, niñas y adultos del barrio. Mostramos las dos plazas diferentes –una para consumo del mundo de negocios; la otra, la real, para uso (o falta de uso) por parte de los habitantes locales– porque, creemos, revelan una tendencia general en las acciones, palabras y (en este caso) imágenes que Shell produce y publicita sobre el barrio y sus habitantes. Todos quienes estuvieron involucrados en la producción del catálogo (desde los trabajadores sociales y maestras que participaron en la realización del programa en terreno, hasta el coordinador general de "Creando Vínculos" y los fotógrafos y diseñadores que armaron el catálogo) pueden haber tenido las mejores intenciones: hacer el bien, mejorar las condiciones de vida de los pobres de Inflamable. No tenemos razón alguna para pensar que no fue así. Sin embargo, un catálogo que distorsiona de tal manera las condiciones materiales de vida en la que los niños y niñas del lugar viven y juegan revela la negación de la que Shell (junto a varios otros actores institucionales) es parte. ¿Pueden significar otra cosa tantas fotos de Rosa, con sus elevados niveles de plomo en sangre, sonriendo y jugando (sin mención alguna sobre su frágil condición)? En un catálogo que enfatiza su preocupación por el "desarrollo sustentable", ¿se puede ignorar de manera tan radical a los cuerpos envenenados?

Shell admite la "pobreza y la exclusión" (como repite el catálogo), pero niega sus soportes reales, materiales –sus hamacas rotas, sus suelos sucios, sus cuerpos contaminados y enfermos–. Al ocultar las condiciones reales de vida, el catálogo revela la manera en que la empresa busca su legitimidad (denominada eufemísticamente como "responsabilidad social empresaria") frente al sufrimiento masivo: un sufrimiento que es negado al mismo tiempo que es invocado.[9]

---

9. Para un proceso análogo de "transformación y apropiación" del sufrimiento, véase el análisis que Veena Das (1995 y 1997) realiza del desastre industrial en Bhopal.

CAPÍTULO 4
Las (confusas y equívocas) categorías de los dominados

Como anticipáramos en el capítulo anterior, no existe un singular y monolítico "punto de vista inflamable" sobre la contaminación y sus efectos en la salud. Las percepciones son variadas y van desde una negación casi absoluta hasta una visión crítica, desde dudas hasta convicciones muy firmes; las creencias, a su vez, en algunos casos son factualmente ciertas y otras totalmente equivocadas. Estas visiones diversas coexisten a veces en un mismo individuo: gente que tiene certezas sobre la extensión de la polución del aire en el barrio, pero que erróneamente desplaza el tema de la contaminación por plomo a la zona más pobre, o que son inflexibles en sus creencias respecto de lo que las compañías del polo generan en el medio ambiente, pero que se equivocan sobre quién está haciendo qué y desconocen los riesgos de sus propias prácticas (relleno de sus terrenos, por ejemplo).

Para alguien de afuera, Inflamable puede ser bastante engañoso respecto de su posición frente a la contaminación. Como señaláramos en la introducción, si uno llega el barrio y comienza a hablar con los vecinos, éstos casi inmediatamente, sin que uno los induzca, comenzarán a hablar del tema de la contaminación: "Acá hay chicos con seis dedos", "todo el mundo tiene cáncer", y otras expresiones por el estilo abundan cuando el interlocutor es alguien que no vive allí. En Inflamable, los residentes están bastante acostumbrados a los extraños, sobre todo a los periodistas. Prácticamente todos los vecinos han hablado alguna vez con algún periodista de la televisión, radio o periódicos. Funcionarios, abogados y –con menor frecuencia– militantes visitan asiduamente el barrio y activan en los habitantes el mismo repertorio discursivo: Inflamable es conocido para el "afuera" como un lugar contaminado; los habitantes del lugar piensan: "démosles a los visitantes lo que vinieron a buscar: un habla sobre la contaminación". Este repertorio discursivo es uniforme y coherente: es un lugar contaminado, la contaminación es mala para la salud, las autoridades (o, en algunos casos, "mi abogado") deberían hacer (o harán) algo al respecto.

Cuando los vecinos hablan entre sí, en el curso de la vida cotidiana, las cosas son bastante diferentes: las dudas, la confusión, la negación o el desplazamiento son tan importantes (si no más) que las certezas. Si bien los habitantes hablan de su hábitat de distintas maneras, existen algunos temas más o menos reconocibles, frecuentes, en las historias que (se) cuentan. En lo que sigue, vamos a examinar estas historias porque nos proveen de una ventana hacia las experiencias de la contaminación en Inflamable y nos adentran en las categorías de percepción y evaluación, subjetivas pero no individuales, sobre las fuentes, extensión y efectos de la contaminación industrial.

Antes de hacerlo, es necesario realizar un advertencia: si hemos de entender la experiencia tóxica de Inflamable (o, al menos, aproximarnos a la comprensión más adecuada de la que somos capaces) tenemos también que situar estas historias en un contexto biográfico caracterizado por muchos otros problemas acuciantes, enfatizando al mismo tiempo que *periódicamente el tema de la contaminación recede*[1] *de la conciencia* (y por ende de la discusión abierta).

---

1. El tema de la contaminación no está presente en las conversaciones de la vida diaria o en las actividades cotidianas todo el tiempo, sino que surge cuando se activan ciertos disparadores.

Las páginas que siguen podrían dar la impresión de que todos los habitantes de Inflamable están permanentemente hablando (y preocupándose) de su hábitat sucio y contaminado. Nada está más lejos de la verdad. Cierto es que los residentes están preocupados (y, como esperamos poder demostrar, confundidos) sobre los orígenes y efectos de la contaminación de aire, suelo y tierra. Pero en el transcurso de su vida cotidiana, también los acucian los mismos problemas que a otros tantos habitantes de la enorme mayoría de las zonas pobres (cómo llegar a fin de mes, qué hacer respecto de la creciente violencia interpersonal, etcétera). Las incertidumbres que atraviesan la vida cotidiana en otros territorios de relegación urbana también dominan la rutina en Villa Inflamable.

La contaminación irrumpe como un tema a ser articulado verbalmente, con contundentes y certeras atribuciones sobre causas y responsables, sobre todo, cuando aparecen los periodistas, los abogados y/o los funcionarios. Pero, luego, los habitantes vuelven al curso de sus vidas, preocupándose por los mismos temas (como lo demuestran páginas y páginas de detalladas notas de campo) que caracterizan las vidas de los destituidos en tantos otros lugares. En la vida cotidiana, a los vecinos les preocupa la suba de precios de los alimentos y otros artículos de primera necesidad, la inseguridad, el uso generalizado de drogas entre los adolescentes del barrio, las dificultades para encontrar un trabajo que pague un salario decente (y, cuando ambos miembros de una pareja tiene la suerte de conseguir trabajo, los problemas para encontrar quién cuide a sus hijos), los inacabables trámites para obtener una pensión, los obstáculos burocráticos para acceder a algún programa estatal de asistencia, la mala calidad de los alimentos en los comedores comunitarios y las complicaciones usuales que abundan en la vida de los pobres.

En medio de estas preocupaciones diarias, la contaminación recede de la conciencia y, en cierta medida, se naturaliza y se convierte en rutina. Seguramente un visitante ocasional estaría en desacuerdo con esta afirmación que apunta a la existencia de cierto grado de normalización de la contaminación entre los habitantes de Inflamable. Encontrará, nuestro visitante, gente que habla constantemente del medio ambiente en términos muchas veces críticos. Dos años y medio de intenso trabajo de campo nos convencieron de que el "habla crítica sobre la contaminación" (llena de comentarios detractores sobre los alrededores y sobre las compañías del polo) es, en más de un sentido, un artefacto de las incursiones de los extranjeros –un auténtico objeto preconstruido–. Los estudiantes de la escuela, cuando se les otorgó una cámara fotográfica para que retrataran las cosas que les desagradaban del barrio, nos devolvieron docenas de fotos (y comentarios condenatorios) sobre la basura y su olor (los vecinos también notan, ocasionalmente, los nocivos olores, como hemos de señalar más adelante). Pero cuando estos mismos niños y niñas están jugando en sus patios, la mugre pasa a un segundo plano: están jugando, no se están analizando a ellos mismos jugando en el medio de la basura, como nosotros sí lo hacemos. No estamos afirmando que están acostumbrados a la basura y a la contaminación; simplemente estamos diciendo que éstas no son objeto de un constante examen.

No podemos aquí transcribir el registro diario de las actividades y conversaciones durante nuestro trabajo de campo (las notas de Débora ocupan dos cuadernos enteros de 400 páginas en total). El lector tendrá que confiar en nosotros: los habitantes de Inflamable no siempre están conversando de su hábitat riesgoso. Nos llevó más de dos años de trabajo etnográfico poder entender que este proceso dual de recesión y normalización está atravesado por la confusión y la incertidumbre que documentamos a continuación. Para el afuera, los habitantes de Inflamable producen un diagnóstico claro sobre su padecimiento; entre ellos, éste es bastante más desordenado, menos definido. La confusión y la incertidumbre, argumentaremos, son productos socioculturales que exacerban el sufrimiento de los habitantes del lugar.

Negación y desplazamiento

Muchos habitantes de la parte más antigua de Inflamable, la única que está lindera al polo (el "área premium" de acuerdo a Shell, el "barrio Porst" de acuerdo a los locales), no piensa en Shell como una fuente de contaminación. Algunos de los que han trabajado en la planta, como García, de 78 años, cuentan sus propias experiencias para convencernos de que es segura y de que sus instalaciones son más limpias de lo que podríamos imaginar. Cuando son confrontados con el estudio sobre plomo, García y su esposa, Irma (69), aseveran que el lugar donde ellos viven no tiene ese problema; el plomo afecta a los villeros, no a ellos. Ellos están saludables, viven allí hace muchos años y, según su argumento, "no puede haber algo tan malo en el ambiente". Otros, como Silvia, quien hace más de tres décadas que vive ahí, también están convencidos de que la contaminación es un problema exclusivo de la villa y de los villeros:

Débora —La gente dice que hay chicos contaminados... ¿Qué piensan ustedes?
García —No sé, yo no sé de qué contaminación hablan. Le echan la culpa a la planta de coque, pero todo el proceso [industrial] es hermético, no se larga nada al aire. Hace muchos años, el procesamiento del coque era al aire libre; ningún trabajador quedó vivo, *eso* era insalubre (énfasis del entrevistado)
Irma —Pero no ahora...
García —No, ahora no. Escuchame, yo trabajé ahí [en Shell] por 38 años. Hacían nafta con plomo, pero no ahora. Yo trabajé en los tanques de nafta, y nunca me enfermé [...] Cuando los japoneses vinieron [refiriéndose al estudio conducido por la Agencia de Cooperación Internacional de Japón] no encontraron nada. Shell está menos contaminada que la Capital Federal.
Débora —¿Sabías del estudio [el testeo de plomo]?
García —Pero eso es por todo lo que tiró la Compañía

Química. Ellos arrojaron ácidos en las casas que están del otro lado, si cavás un poquito está todo lleno de inmundicias, desechos...
Irma —Ellos trajeron basura acá...
Débora —¿Acá también?
García —No. Acá rellenamos con tierra...
Débora —Entonces, ¿y el estudio?
García —No sé, pero no te olvides que esos chicos andan siempre sucios.
Irma —El otro día, tres chicos de la villa estaban bañándose en una pequeña laguna que se formó después de la lluvia [...] pero no son de acá, son del fondo (la villa); ellos deben estar contaminados.
García —Pero no del aire, la contaminación está allá [en la villa].
Irma —En los rellenos, en los rellenos...
García —Si esto estuviera contaminado, imaginate: ella está acá desde 1944, y yo vivo acá desde 1950, deberíamos estar muertos o enfermos, *pero nunca tuvimos ninguna enfermedad por la contaminación* (resaltado nuestro) [...] Toda nuestra vida vivimos acá. Yo tengo 78 años ya, y tu abuelo tiene 90. Y nunca nos enfermamos.

Silvia —[Los chicos que están contaminados] son todos de allá [el bajo, la villa]. Ninguno de los chicos de acá tiene nada. A veces me pregunto si mis hijas o yo estaremos contaminadas. ¿Hace cuánto vivís acá?
Débora– Desde que nací...
Silvia– Mis hijas tienen tu misma edad. No puede ser que la gente que llegó hace poco esté contaminada, y dicen que es por la empresa. No sé. Yo nunca estuve enferma. A veces tengo bronquitis, o angina, pero nunca me encontraron nada en la sangre. Ellos [los chicos] se enferman por toda la basura que juntan. Por no decir nada del olor; es un chiquero, además de todo el olor que viene de las fábricas.

Muerte tóxica

El tema de la contaminación surge de manera muy diferente en las muchas entrevistas formales y conversaciones informales que mantuvimos con los vecinos. Algunas veces, los residentes sacan el tema espontáneamente cuando hablan sobre cómo era el barrio antes ("estaba todo limpio, ahora está todo contaminado") o cuando hablan sobre sus costumbres diarias ("con todo ese olor que viene de Tri-Eco, yo tengo que cerrar las ventanas todas las noches"). Otras veces, a menos que hagamos una pregunta específica (como se las hicimos a García e Irma), el tema permanece oculto, evidencia de que la contaminación se da por descontada o se niega. En cambio, Belisario no esperó nuestras preguntas. Desde el comienzo de nuestra primera conversación, empezó una larga meditación, no siempre fácticamente acertada, sobre las fuentes, formas e impacto de la polución industrial. Es interesante notar cómo él, en su reflexión, se mueve desde el interior del polo petroquímico al agua, aire y suelo de Inflamable. Él trae el tema sin nuestra intervención y luego retorna a la cuestión incluso cuando habla sobre cosas diferentes –evidencia, para él, de que "la contaminación está en todos lados"– y le adjudica su existencia, como muchos otros vecinos, a la corrupción del gobierno:

> Belisario —Yo trabajaba en la construcción. La mayoría de los cimientos de los tanques están hechos de hormigón así pueden soportar las vibraciones.
> Débora —¿Las vibraciones?
> Belisario —Hay máquinas, válvulas, porque todos los caños transportan gases. Hay turbinas, compresores. Hay máquinas que trabajan con fuerza atómica. Hay contaminación adentro, donde están las máquinas hay un montón de contaminación, pero nadie dice nada acá [...] Estoy hablando de Shell, adentro de Shell. La planta de coque no debería estar ahí. Vino de Holanda, y entonces vinieron [el gobernador] Duhalde y [el ministro de economía] Cavallo y [la

secretaria de medio ambiente] Alsogaray, les dieron un montón de plata para que se callaran. Tri-Eco está quemando [incinerando] cuerpos humanos y eso causa cáncer de pulmón. ¿Y quién permite que eso pase? Las autoridades, porque son todos corruptos. Esas chimeneas deberían tener filtros porque contaminan. Cuando me voy a dormir, algunas veces tengo que cerrar las ventanas por todos los gases que vienen.

Distinto a otros que usan su propio cuerpo saludable para negar (o cuestionar al menos) la extensión de la contaminación, Belisario remarca su buena salud *a pesar* de la contaminación que lo rodea. Él sabe, intuitivamente al menos, que los organismos responden de manera diferente al ataque tóxico: "Mirá, afortunadamente, yo soy una persona que goza de buena salud, porque si no, yo estaría súper contaminado después de 43 años de estar acá". Pero no todo el mundo, él piensa, tiene esa suerte. Belisario recuerda a su vecino Virgilio, que tenía una quinta cerca y que, según él cree, se envenenó con el agua de pozo y murió inesperadamente:

> Yo solía preguntarle a Virgilio si el agua que él tomaba en la quinta era mala o buena. "Hemos estado aquí por 100 años", me decía, "si estuviéramos contaminados, hubiéramos muerto hace años". Yo tenía mis sospechas y nunca tomé el agua que sacaba del pozo de su quinta. Un día tuvimos que llevar al viejo al hospital, tenías náuseas, tenía una cosa blanca que le salía de la boca, como si estuviera envenenado. Lo llevamos al hospital y nunca volvió [...] Escuchá, el aire que nosotros respiramos tiene plomo, el agua que toman los chicos tiene plomo... la tierra en la que juegan los chicos está toda contaminada, ellos juegan fútbol ahí, día y noche [...] la contaminación está latente, en todos lados [...] el plomo es un veneno mortal, te daña el corazón.

Belisario está tan convencido de todo lo malo que implica vivir en Inflamable que nos preguntamos en voz alta si alguna vez pensó en mudarse del barrio. Nuestra pregunta, formulada en el transcurso de una larga conversación, no produjo esa respuesta artificial típica de las encuestas de opinión (Bourdieu *et al.*, 1999) sino una reflexión sobre todas las cosas que lentamente fueron atándolo a este (crecientemente contaminado) lugar. Si uno lee con atención lo que sigue, se puede detectar que el período gradual de incubación de la polución industrial (en el cual las quintas fueron desapareciendo, los arroyos se oscurecieron y los suelos se fueron llenando de inmundicias y tóxicos) fue vivido, principalmente, como un período de *enraizamiento* en el barrio, mediante el trabajo, la familia y las amistades:

Débora —¿Y usted pensó alguna vez en irse del barrio por el tema de la contaminación u otra cosa?
Belisario —No, yo vine por tres meses acá y mirá cuantos años [...] de 1962 al 2005, sacá la cuenta, después me encariñé.
Débora —¿Tres meses porque después planeaba irse a otro lugar?
Belisario —Yo decía tres meses estar acá por los pibes. Quería llevarlos a otro lugar para que tuvieran más posibilidades de estudiar. Y después se fueron dando más las cosas, reubicándome más, haciendo más amistades, entonces ya los chicos podían ir tranquilamente, había más colectivos, en fin. Ya tenía mi huerta bien hecha, como ya te dije yo soy de zona litoraleña, nací en las barracas de la Laguna del Iberá, entre los bichos, yacarés, las víboras y vengo acá y me encuentro con tantos animalitos que me hacían recordar a mis pagos y me agradó, y después tenía mi hermosa huerta, y trabajo, gracias a Dios, nunca me faltó. Y después otra cosa, el barrio, cuatro o cinco familias que vivíamos, nos conocíamos y éramos todos como una familia, yo tenía chanchitos, gallinas en el fondo, tenía de todo, a veces yo venía y le decía a cualquier vecino y me cuidaba las gallinas o corría a algún perro, nos cuidábamos unos a los otros. Entonces eso era hermoso, entonces no tenía por qué quejarme por nada, éramos como una familia; con decirte que algún fin de semana yo ponía la mesa ahí en la

vía y le decía a los vecinos que vinieran a comer, era una joda, a veces amanecíamos. Yo tenía un acordeón y una guitarra. Yo tenía más trabajo en la zona, en Dapsa hay una sala de primeros auxilios toda de hormigón, hermosa, esa la hice toda yo, pero hace un montón de años. Y después trabajé en Shell [...] entonces esa tranquilidad de vivir así acá me tranquilizaba, porque yo dejaba mi ropa tendida y no había ningún peligro de que nadie me tocara nada. Podías dormir con la puerta abierta, eso es importante, éramos todos paisanos.

Un día Belisario cerró su puerta porque escuchó que le habían robado a un vecino; otro día cerró sus ventanas por el olor a podrido que venía de las chimeneas; otro día dejó de tender la ropa afuera porque se llenaban de hollín o porque se la robaban. ¿Quién sabe qué razón vino primero? Lo que sí sabemos es que mientras el ambiente lentamente cambiaba para peor, Belisario estaba construyendo su familia, disfrutando de sus amigos y trabajando, "siempre trabajando". Mientras que el aire, el agua y el suelo se iban contaminando, Belisario estaba ocupado viviendo su vida. Simple como suena esta última afirmación, el proceso por el que atravesaron Belisario y la mayoría de los habitantes más antiguos de Inflamable es crucial a la hora de entender cómo piensan y sienten sobre este lugar contaminado –no de la manera en que un forastero lo haría sino de un modo que está profundamente imbricado en la historia y en la organización rutinaria de la vida–.

Una rutina es una secuencia regular, una *performance* más o menos mecánica de ciertos actos u obligaciones. Las rutinas familiares (ir al trabajo, mandar a los hijos a la escuela, preparar la comida, poner los niños a dormir) tienen un efecto ordenador: orientan y estimulan la acción. Tienen también un efecto reconfortante. Podemos contar con ellas (y con las interacciones que éstas implican) para navegar en momentos difíciles e inciertos: encontramos seguridad en lo que nos es familiar, en aquello a lo que nos podemos aferrar. Las rutinas, además, nos permiten eliminar (o, al menos, no pensar sobre) aquello que no nos es placentero. Las rutinas nos proveen de una ruta, un "universo objetivo de indicaciones y estímulos" (Bourdieu, 2000, pág. 222) que cimienta nuestra existencia. Este último aspecto del trabajo cultural que realizan las rutinas es sumamente relevante para entender las experiencias de la contaminación que predominan entre algunos de los residentes más antiguos. En muchas de las historias de vida, entrevistas en profundidad y conversaciones informales, aparece con bastante claridad el hecho de que estaban ocupados en (y preocupados por) las mismas tareas que los miles de migrantes que arribaron a Buenos Aires provenientes del interior en los años cuarenta y cincuenta (encontrar trabajo, construir una casa, armar una familia, etcétera). *Mientras que estas actividades ocupaban sus vidas, la tierra, el aire y el agua de Inflamable iban acumulando contaminantes.* Con la excepción de la conmoción que causó la explosión del barco petrolero Perito Moreno (y, como veremos luego, los problemas causados por la instalación de los cables de alta tensión), las rutinas cotidianas nunca fueron interrumpidas: no hubo grandes accidentes, no se encontró alguna enfermedad generalizada que pudiera ser atribuida a las actividades llevadas a cabo en el polo (como, por ejemplo, casos de leucemia que en otros lugares de Argentina y del mundo incitaron a la gente a organizarse). Y dado que la continuidad nunca fue disuelta (en todo caso, los habitantes estaban, como notaba Belisario, "progresando" o, como nos decía Elsa, "viviendo nuestra vida"), las rutinas ("trabajando, siempre trabajando") y las relaciones ("éramos todos amigos") enraizaron a los residentes en Inflamable.[2]

Durante estos años escuchamos a muchos vecinos (viejos y jóvenes) quejarse del estado presente y del incierto futuro de Inflamable. Ahora que el lugar es "no apto" para ser habitado, como nos decían en Shell, por ser un lugar con altos niveles de contaminación (como queda demostrado en el estudio de JICA), y sus casas carecen de gran valor, los habitantes sienten, en ocasiones, que su barrio se ha transformado en una suerte de trampa ("nadie me va a comprar la casa,

---

2. Sobre la contención del riesgo mediante la realización de actividades cotidianas, véase Skinner (2000).

así que, ¿a dónde me voy a ir?"), un lugar a ser evitado, un sitio en donde nadie viviría. No parecía serlo cuando los habitantes estaban ("ocupados, siempre ocupados") comprometidos en su diario trajinar.

Sospecha y desafío

"Acá está todo contaminado", dice Liliana, quien ha vivido veintitrés años en lo que los antiguos residentes llaman "la villa" y cuyo hijo sufre de asma crónica. Sabe de la contaminación porque por medio de un amigo "me enteré de que un grupo de gente de la universidad tomó muestras del suelo [...] y está todo contaminado. El domingo va a venir un periodista de canal 13. Va a ir a todas las casas para que esto salga a la luz, para que la gente se entere de que los chicos están todos contaminados y que el tratamiento que la municipalidad iba a pagar quedó todo en la nada".

Liliana recuerda el "furor" que causó el estudio epidemiológico:

> Ellos (refiriéndose a los funcionarios municipales) dijeron que iba a haber un tratamiento para los chicos, iba a haber un seguimiento [...] que iban a dar ayuda. Vinieron periodistas de *Punto Doc* y todo el mundo estaba interesado. Un montón de abogados vinieron también, pero al final no pasó nada. [...] Hay un montón de chicos que tienen el plomo muy alto, y no sabemos, porque el día de mañana eso te puede traer complicaciones y hay muchos chicos que se pueden llegar a morir.

El trabajo errático de los abogados sólo se equipara, desde la mirada de Liliana, con el también impredecible trabajo de los funcionarios que "nos usan", que "hacen promesas y nunca cumplen", y que "un millón de veces nos dijeron que iban a erradicarnos y no pasó nada". Ahora "estamos esperando que nos erradiquen, porque estas tierras ya las vendieron". Pero "mientras tanto tienen que hacer algo porque están jugando con la vida de los grandes y de los chicos. Los

Las (confusas y equívocas) categorías de los dominados 129

grandes sufren de los bronquios, también necesitan exámenes gratis, pero esos estudios son caros, y la gente no tiene plata. Si yo tuviera plata le haría el estudio a mi hijo, pero no tengo. Están acá, esperando, con los brazos cruzados. No se trata sólo del desalojo; la vida de los chicos, ése es el tema".

Liliana tiene "mucha bronca" con las compañías. Las ve como la fuente de la contaminación que está causando el asma de su hijo ("Gustavo [el doctor en la sala de salud] me dijo que el asma es por la zona ésta"). También cree que las compañías son las responsables de la mala energía eléctrica que llega a su casa –energía que necesita imperiosamente para utilizar la máquina nebulizadora para su hijo–. Como Belisario y muchos otros, ella ve el tema de la contaminación como algo fuertemente vinculado a la corrupción gubernamental. Como otros, sospecha que las empresas "compran a la gente" para prevenir que ocurra alguna protesta: "A la planta de coque de Holanda la sacó toda la gente. Hubo muchas muertes, mucha gente enferma por ese tema, con cáncer, muchas cosas más. La gente se puso toda de acuerdo y la sacaron. Pero acá no se ponen todos de acuerdo, ¿sabés por qué?, porque hay muchos intereses de plata, hay plata de por medio, mucha plata".

A pesar de la frustración que vino luego de que cesara la atención mediática hacia Inflamable, Liliana, como tantos otros vecinos que recurren a los medios de comunicación masiva para desahogar su bronca y frustración, aún tiene esperanzas:

> [Los funcionarios] que se enteren por los medios, que les dé un poquito de vergüenza [...] Que vean que quedó todo en la nada, que si bien esos estudios se hicieron, no sirven de nada, a mí y los chiquitos intoxicados no les sirve de nada. No les sirve de nada que en su momento les hayan hecho los estudios, porque no sabemos si les subió o les bajó, si sigue igual. Se sabe que cuando se descompone el chiquito de acá en frente es porque le subió demasiado el plomo y lo tienen que llevar a internar, pero después [...] No son así las cosas, tampoco somos animales.

Liliana tiene una actitud desafiante. Asegura que la contaminación está, para usar una expresión de Samanta (la estudiante de la escuela local), "matándonos". Y sin embargo, a pesar de sus expresiones firmes y seguras, su experiencia cotidiana está, como la de tantos otros aquí, dominada por las sospechas sobre las acciones de las empresas, por las incertidumbres respecto de la nunca realizada, pero siempre inminente, acción de las autoridades locales y por una constante espera. Ella, y otros, esperan que los periodistas "vengan a mostrar lo que está pasando" y que los abogados "hagan algo con todo esto".

Sobre el no saber

Estela es una de las beneficiarias del Plan Jefas y Jefes de Hogar. Como contraprestación del subsidio trabaja en la unidad sanitaria local. Hablando con ella, nos dimos cuenta de cómo el conocimiento práctico acerca de un lugar sucio y contaminado coexiste, por un lado, con un discurso de negación acerca de los efectos de la contaminación y, por otro lado, con prácticas que causarían más envenenamiento y que muchos residentes parecerían no verlas así.

Estela tiene un conocimiento práctico de los efectos de la suciedad y la contaminación. Su hijo fue recientemente mordido por una de los cientos de ratas que andan en medio de la basura que se acumula en las lagunas y en las calles. Alergias y sarpullidos ("chicos con granos") son los motivos más frecuentes de consulta en el centro de salud, dice ella. Los doctores le dijeron que son causadas por la contaminación. Ella también sabe que el Estado niega la seriedad del tema. Como parte del personal de la unidad sanitaria, ella coordinó los análisis de plomo y el, desde hace dos años suspendido, tratamiento de los chicos; suspensión que ella atribuye a cuestiones de política local:

> El tratamiento va a empezar de nuevo, pero no sé cuándo. El municipio quiere que les enviemos la información de nuevo. Ésta es una nueva administración, y todo lo que hicimos fue con la otra administración. Y ahora todo cambia, las historias clíni-

cas se perdieron y debemos empezar a buscar a los chicos otra vez. Y así está todo. Si hubiera un intendente nuevo, deberíamos empezar todo otra vez.

A pesar de todo este conocimiento práctico, ella no parece darse cuenta de que sus propias acciones ayudan a perpetuar la contaminación en su casa. Como su patio es, en parte, un bañado, ella y su marido diariamente les piden a los camiones que traen basura y desechos al basural cercano que descarguen el contenido en el frente de su casa. Ellos entonces llevan todos los desperdicios (posiblemente tóxicos) al fondo de su casa. Como se ve en el extracto que sigue de su entrevista, Estela admite que el lugar puede estar contaminado. Ella parece insegura del riesgo real ya que su hija "no está contaminada". Sobre sí misma tampoco está segura, porque no puede pagar los exámenes médicos.

> Estela —Yo realmente no sé si [la contaminación] viene de las fábricas. Le echan la culpa a la planta del coque. Yo tengo a mi hija que se hizo el análisis y no está contaminada. Los doctores dicen que eso es porque ella va a una escuela fuera del barrio, y porque no está todo el día acá, y porque de noche no hay tanta contaminación. No sé, es raro. Ella nació acá y siempre vivió acá, por eso realmente no se qué decir acerca de los chicos que están contaminados con plomo...
> Débora —¿Pensás que el suelo y el aire están contaminados?
> Estela —Bueno, sí, deben estar contaminados. Hay días en que no podés estar acá afuera por el olor. Y el suelo también, las plantas viven porque son plantas. Estamos en un lugar donde no podemos decir que no hay contaminación. Con tantas fábricas, sí. Nosotros debemos estar contaminados, pero como los grandes no fueron examinados, no sabemos. El análisis es caro, y no te lo podés hacer por tu cuenta. No podés pagarlo, *entonces realmente no sabés si tenés algo* (énfasis de Estela).

Entendiendo la incertidumbre

Con el humo blanco y negro saliendo de las chimeneas del polo, con el constante ruido de alarmas y camiones pesados, con el extraño olor a gas o de otras sustancias repugnantes, con la basura y los sucios bañados es difícil para cualquier persona negar que, como nos dijo un vecino, "hay algo raro acá". Pero aun cuando los habitantes de Inflamable puedan hablar de la contaminación, al momento de indicar las fuentes, la localización y los efectos en la salud, reina la confusión.

Del petróleo, por ejemplo, se dice que contamina los cursos de agua, también se dice que no hace tanto daño (el problema real no está en la refinería pero sí en los almacenamientos de sustancias químicas); se cree que la refinería es muy segura o que es altamente contaminante; a la planta de coque se la ve como venenosa (tanto es así que fue "prohibida" en Holanda, de acuerdo a muchos residentes) o inocua (percibida como segura porque es "hermética"); Shell misma es vista como "la planta más segura" o como "la peor de todas", "dando regalos para tapar que contaminan". Con el plomo, las discrepancias toman una forma diferente. Nadie niega que sea dañino, pero lo desplazan a un lugar más allá: no está en el barrio sino en la villa, no está en su cuerpo (o en el de sus hijos) pero sí en el de los villeros. Aunque el estudio epidemiológico (JICA II) demostró que no hay un *cluster* o un patrón para la dispersión de los casos de plomo, la mayoría de la gente con la que hablamos cree que el plomo es un problema de la villa donde los chicos andan descalzos, donde no se lavan las manos, donde se bañan en agua sucia. Más que el ambiente mismo, son las descuidadas madres, según esta forma de pensar, las responsables por exponer a sus hijos al plomo.

¿De dónde viene la contaminación? Desde la visión de los vecinos, la polución está intrínsecamente relacionada con la corrupción en todos los ámbitos del gobierno, desde el intendente al gobernador y así hasta el presidente. Las plantas (la refinería de Shell, la planta de coque, el incinerador de residuos peligrosos, otras plantas químicas y refinerías –pasadas y presentes–) contaminan porque los funcionaros les permiten que lo hagan, y permiten que eso suceda– ésta es la percepción general– porque fueron sobornados. Los rumores acerca de que las compañías compran gente no se restringe sólo a los funcionarios. La percepción compartida es que las compañías pueden (y rutinariamente lo hacen) limpiar su camino de obstáculos. Belisario encapsula la convicción acerca de los dos orígenes de la contaminación (viene de las chimeneas y del gobierno) en una simple frase cuando dice: "la contaminación viene de arriba".

¿Cuán serios son los efectos de la contaminación? Como se dijo, es una cuestión de sentido común afirmar que hay "algo" en el aire; sin embargo, hay menos certeza o conocimiento de la contaminación del suelo y el agua. Pero una cosa es lo que la gente sabe (o dice que sabe) y otra es cómo interpreta esta información (Vaughan, 1990, 1998; Eden, 2004). Por un lado, una forma de pensar y vivir la contaminación es conocer su existencia, pero negar su seriedad. Los adultos en Inflamable usan sus propios cuerpos para sustentar esta creencia: después de todo ellos "nunca tuvieron un problema de salud". Por otro lado, otro punto de vista expresa dudas en relación con los verdaderos efectos que tiene la contaminación porque, como los residentes lo expresan, "ellos aún no lo saben". Innumerables veces escuchamos a los vecinos decir que ellos realmente no saben si están "contaminados" –como si fuera una cuestión de blanco o negro, algo que uno tiene o no– porque todavía no fueron "analizados". Otros reconocen la extensión y gravedad de la polución, pero también apuntan el dedo acusador hacia la conducta de las propias víctimas como fuente de la contaminación.

Marga, la presidenta de la sociedad de fomento local, ilustra lo que creemos es una incertidumbre generalizada. Como muchos otros, Marga cree que "la contaminación es terrible. Si te ponés a pensar, te querés ir de este lugar ya mismo". Al hablar del pasado de Inflamable, Marga se muestra convencida de que las quintas desaparecieron debido a todos los desechos industriales, "la tierra se contaminó toda, dejó de servir". Sin embargo, cuando habla del presente, expresa ciertas dudas sobre el verdadero origen y extensión de la contaminación por plomo: "No deberíamos culpar sólo a los de arriba. Los padres también son responsables porque ellos nunca cuidan a sus hijos ni se fijan en lo que hacen". También dice tener muchas dudas sobre el grado de contaminación actual: "Yo no sé en realidad si estoy contaminada, ni siquiera sé cuáles son los síntomas". Sin embargo, enfatiza con convicción que el agua está altamente contaminada y que "los de la villa" se ven afectados: "Todos somos responsables por haber permitido que esa gente se asentara allí y no se les dieran buenos caños para el agua". Como muchos otros, vincula la contaminación a la corrupción del gobierno: "Las compañías del polo no son las únicas que nos perjudican. El gobierno municipal no hizo nada para cortar con todos esos basurales que tenemos acá".

"Así que, realmente no sabés si tenés algo," nos dijo Estela de la Unidad Sanitaria y muchos otros están de acuerdo en que a pesar de que están rodeados por olores nauseabundos de químicos y basura, Inflamable podría estar contaminada pero "yo (personalmente) no lo sé", o no lo sé "aún". Si bien muchos residentes coinciden en que el barrio está contaminado tienen diferentes interpretaciones en relación con la extensión y distribución espacial de la contaminación y sus efectos concretos en la salud. Los hechos de la contaminación son algunas veces certeramente conocidos. Muchas otras veces, los vecinos están equivocados (contrariamente a la creencia dominante, la contaminación con plomo no se ubica solamente en la villa) o parecen ignorar los actos que contaminan (por ejemplo, cuando pasan por alto sus propias prácticas de rellenado) o interpretan erróneamente los efectos de la polución (por ejemplo, al utilizar su propio cuerpo como indicador de la ausencia de impactos perniciosos). ¿Cómo comprender y explicar el error, la confusión y la negación? ¿Cómo es posible que, en medio de un desastre tóxico que se desarrolla en cámara lenta, cuando los niños y las niñas del lugar tienen niveles altísimos de envenenamiento por plomo en sangre, donde el agua que los habitantes toman y el aire que respiran están altamente contaminados, los residentes se permitan dudar o, peor aún, negar los "hechos duros" de la polución industrial?

Si bien nosotros y más de una persona sabe que "la gente está confundida, que la vida es complicada, emotiva e incierta" (Abu-Lughod, 2000, pág. 263), la confusión y la incertidumbre raramente han tenido un lugar importante en el análisis de los científicos sociales y en las descripciones etnográficas.[3] Palabras dubitativas y/o contradictorias son, en general, suprimidas en el texto etnográfico. Como escribe Wendy Wolford (2006, pág. 339):

> Cuando nos encontramos con "informantes" que se contradicen a sí mismos, o que no pueden explicar sus propias motivaciones, pensamos en ellos como "ruido" y los suprimimos del texto: el sinsentido, por definción, no hace sentido.[4]

Si eliminásemos las dudas de este texto, correríamos el riesgo de crear una imagen completamente falsa de la experiencia de la toxicidad en Inflamable –sería una representación distorsionada que reproduciría el discurso mediático que retrata a este barrio solamente como un "infierno" y a sus habitantes como seres unidimensionales, que son "sobrevivientes" o "infatigables luchadores" contra las grandes compañías.

Correríamos un riesgo de distorsión similar si no intentáramos explicar los orígenes de la generalizada confusión e incertidumbre. Una "etnografía de lo particular" (Abu-Lughod, 2000) debe ser complementada por un análisis científico de las causas de esta forma específica de experimentar

---

3. Para una reciente excepción, véase el iluminador análisis de Wendy Wolford (2006) sobre el "sentido común" en los campesinos que participaron del MST en Brasil. Véanse también varios de los ensayos de Bourdieu (1999).
4. Todas las citas fueron traducidas por los autores.

la contaminación. El trabajo académico clásico y reciente (Erikson, 1976; Petryna, 2002; Eden, 2004; Vaughan, 2004) demuestra claramente que la fuente de confusión e ignorancia sobre riesgos y amenazas circundantes no son los individuos sino el contexto. En nuestro caso, este contexto ha estado cambiando, lenta pero sostenidamente, durante los últimos setenta años y está, al mismo tiempo, plagado de inciertas y contradictorias intervenciones externas. Dado que ya describimos la historia de este lugar y las maneras en que sus habitantes lo viven y lo perciben, analizaremos ahora la multiplicidad de intervenciones materiales y simbólicas, muchas veces incongruentes, inconsistentes y confusas. Veremos que la incertidumbre generalizada es también producto de una *labor de confusión* generada, muchas veces sin intención ni coordinación, por una serie de actores interconectados. Veremos también que las visiones de los vecinos sobre la amenaza y el asalto tóxico, y sus actitudes desafiantes y críticas contra los presuntos causantes, tienen afinidades con algunas de estas intervenciones externas.

Cimientos inciertos

Muchas son las cuestiones confusas en este lugar: el origen, alcance y efectos de la contaminación industrial difícilmente sean las únicas. Para comenzar, los habitantes no saben si Inflamable pertenece a la jurisdicción de la provincia de Buenos Aires o a la Administración General de Puertos (un organismo que pertenece al Estado federal) lo cual, en términos concretos, se traduce en que no saben si es la policía provincial o la prefectura naval la encargada de la seguridad pública en la zona. Esto es una fuente de molestia cotidiana para los vecinos porque cuando necesitan hacer una denuncia (por robo, por ejemplo) tanto la policía provincial como la prefectura dicen que es otra la dependencia adonde tienen que dirigirse. Cuando, durante el año 2005, los cables de teléfono eran casi semanalmente robados (aislando aún más a los habitantes de la zona más antigua del barrio lindera con el polo), los vecinos fueron a la comisaría local y luego a la prefectura intentando vanamente que alguien ejerciera su autoridad para resolver el problema. Cuando la basura deja de ser recolectada, como sucede a menudo, los vecinos no saben a quién formular sus reclamos. Otro ejemplo demuestra esta incertidumbre con dramática claridad: el 16 de mayo de 2005, mientras realizábamos nuestro trabajo de campo, tres jóvenes entraron a un edificio abandonado que pertenecía a la compañía Dock Oil para apropiarse de unas vigas de acero que luego intentarían vender. Aparentemente, una pared se desplomó cuando uno de los jóvenes quitó una viga equivocada. Uno de los chicos falleció y los otros dos estudiantes resultaron heridos, como ya se describió en el capítulo 2. Por varias semanas, frente a los medios de comunicación que cubrieron los eventos, los vecinos expresaron su enojo sobre lo sucedido y sobre el hecho de que "acá nadie se hace cargo".

Inflamable es, entonces, a los ojos de muchos de sus habitantes un lugar "sin autoridad". Por otro lado, los funcionarios del Estado admiten que la zona es un desorden jurisdiccional: un importante funcionario municipal que entrevistamos mencionó seis áreas gubernamentales que ejercen algún tipo de autoridad en Inflamable: la Administración General de Puertos, la Secretaría de Política Ambiental de la Provincia de Buenos Aires, la Secretaría de Energía (perteneciente al Estado nacional), la Secretaría de Medio Ambiente (también perteneciente al Estado nacional), la Prefectura Naval y la Municipalidad de Avellaneda (el funcionario no mencionó las distintas ramas de la policía que también intervienen allí).

Los habitantes de Inflamable tienen también dudas sobre quién es en realidad el dueño (o mejor dicho los dueños) de las tierras y, por ende, sobre quién debería tomar la iniciativa si la erradicación se llevara a cabo. Durante más de una década han existido diversos planes de relocalización total o parcial. Ninguno hasta ahora se ha realizado. Rumores sobre una inminente relocalización circulan con mucha asiduidad en el barrio (en varias ocasiones nos comentaron: "¿Sabés las veces que nos dijeron que nos iban a erradicar?"). Cuando estábamos realizando nuestro trabajo de campo, personal de la municipalidad estaba llevando a cabo un censo en el barrio; los vecinos estaban convencidos de que era parte de la organización de otro plan de "inminente" erradicación. Nada sucedió desde entonces –aunque muchos rumores, y anuncios oficiales hechos por funcionarios públicos, como veremos más adelante, sobre vecinos que están a punto de ser relocalizados, siguieron circulando con bastante frecuencia durante los dos años y medio de nuestra investigación–.

Notas de campo de Javier

5 de julio de 2006

Riéndose, imitando a una señora vieja con un bastón, Elsa (la mamá de Débora) dice: "Ya mismo nos erradican, ya mismo nos vamos". Estamos almorzando y Elsa está refiriéndose irónicamente a una nota publicada en Clarín. El artículo dice que compañías del polo (la mayoría quimiqueras) serán removidas del polo. El artículo también dice que 350 familias de las 700 que actualmente viven en Inflamable pronto serán relocalizadas. El artículo dice: "Aún no se sabe cuáles familias serán reubicadas" y luego cita a una fuente municipal que dijo a los periodistas que la "antigüedad" (esto es, los años vividos en el barrio) podría ser un criterio para decidir quién se ha de mudar primero. Elsa, su mamá Rosario y Débora leyeron la nota. Rosario en particular estaba muy inquieta con la noticia: ¿Será que luego de tantos años la erradicación finalmente ocurre? Ellas son algunas de las habitantes más antiguas del lugar. Si la nota es cierta, serán las primeras en irse.

Hoy, antes de ir al barrio, entrevisté al secretario de obras públicas de Avellaneda. Me dijo que aún no hay nada decidido sobre la relocalización; cuando le mencioné la nota de Clarín fue explícito y dijo: "Yo no fui esa fuente que cita Clarín".

Elsa, imitándose a sí misma de aquí a veinte años "a punto de ser relocalizada", puede que tenga razón. La verdad es que no lo sé y parece no haber manera de saberlo. Quizás esta vez sí suceda. Lo que sí es claro es que la "amenaza" de erradicación es una característica constante de su existencia. Elsa, en un solo gesto, captura lo que sienten muchos vecinos: "Siempre estamos a punto de ser erradicados y siempre lo vamos a estar".

Historias sobre esta o aquella empresa (Petrobras, Shell, Central Dock Sud) comprando esta o aquella porción de Inflamable (el bajo, El Danubio, las "cuatro manzanas") para construir tal o cual cosa (un garage, un depósito) son parte de la vida cotidiana en el barrio. Junto a la confusión reinante respecto de la jurisdicción administrativa con autoridad sobre la zona, estas dudas hacen incierta la vida en Inflamable.

Los vecinos tienen también incertidumbres respecto del propio polo y de otras compañías que operan en las adyacencias del barrio. Nadie sabe con exactitud cuántas compañías hay dentro del polo, o plantas industriales, muchas dudas se extienden a Tri-Eco, el incinerador de residuos peligrosos. En este último caso, los rumores van desde "la quema de cuerpos humanos enfermos" hasta el almacenamiento de "vaya Dios a saber qué cosas de productos de hospitales contaminados con sida". Esta confusión es comprensible: ni siquiera los funcionarios estatales nos pudieron decir cuántas empresas están activas dentro del polo. Los reportes oscilan entre:

- veintidós (*Clarín*, 3 de enero de 2002)
- treinta (*Télam*, 11 de septiembre de 2003; *La Nación*, 30 de marzo de 2004)
- cuarenta (*Clarín*, 15 de Septiembre, 2000)
- cuarenta y dos (*Clarín*, 9 de septiembre, 2001; *Página 12*, 23 de junio, 2002),
- cuarenta y tres (*Clarín*, 4 de Julio, 2006)
- cincuenta (*Clarín*, 4 de Diciembre, 2001).

Respecto de Tri-Eco, los funcionarios admiten que no existen verdaderos controles sobre sus actividades.[5] El relleno

5. Véase también el informe de Greenpeace (2001).

sanitario vecino es también un sitio que carece de control (no hay monitoreo sobre las emisiones de gas típicas en este tipo de lugares).

Como apuntamos en la introducción, hay una intrínseca incertidumbre sobre la contaminación tóxica (Edelstein, 2003; Brown, Kroll-Smith y Gunter, 2000). Es difícil esperar que gente pobre, mucha de la cual no ha terminado la escuela primaria o secundaria, esté altamente informada sobre los efectos concretos de toxinas específicas, a veces desconocidos también para los propios doctores y científicos. Sin embargo, esta incertidumbre inherente a la contaminación ambiental es exacerbada en Inflamable por las acciones e inacciones de las intervenciones externas, entre las cuales se destacan las del Estado.

Notas de campo de Débora

24 de octubre de 2004
Un tal Daniel que trabaja en Shell (es vecino del barrio) dice que con los propietarios va a tratar el Comité de Industria porque Petrobras no quiere a nadie acá a fines de 2005. También dice que el Comité ya le dio plata al Intendente para hacer la construcción de las viviendas y que lo llamaron por teléfono y dijo que estaba esperando que le donaran los terrenos. Isabel me dice: "andá a saber qué hizo con la plata".

22 de noviembre de 2004
Ayer sábado, de regreso del cumpleaños de mi tía abuela Herminia, el remisero que nos trajo sacó el tema de la erradicación, dice que toda la gente a la que le llegó la carta del juez tiene que irse porque ahí van a construir los talleres de la línea de colectivos N° 95 [esta versión es nueva]. Todos los que están debajo del cable (donde vive Mirta) "están todos pagados y tienen que irse". Le dije que eso no tiene nada que ver con lo de la relocalización y que lo del cable fue hace cinco años y no todos cobraron y dice "sí, de acá se tienen que ir todos" y mi abuela le contesta "hace sesenta años que vivo acá y vienen diciendo lo mismo".

20 de enero de 2006
Juan Carlos me cuenta que fueron a hablar con Prefectura por el tema de la seguridad en el barrio y le dijeron al prefecto que ellos sabían quiénes compraban los fierros y por qué no incautaban el camión que los llevaba, pero salieron con que ellos no tienen jurisdicción en el barrio y les dijo que enviaran una carta al Ministerio del Interior.

Las intervenciones estatales

Si bien no estaríamos exagerando si dijéramos que hay una indiferencia oficial casi total respecto del sufrimiento de los habitantes de Inflamable causado por factores ambientales, es importante introducir algún matiz para poder comprender mejor las acciones desconcertantes de los distintos ámbitos del Estado y las confusiones que éstas generan en los vecinos del lugar. En el período que precedió al comienzo de nuestro trabajo de campo, el Estado (sobre todo a nivel local) puso el tema de la contaminación en la agenda pública (local) por primera vez, lo cual tuvo un impacto muy importante en la manera en que los habitantes de Inflamable piensan y sienten su lugar. A continuación puntualizaremos algunas cuestiones sobre lo que pensamos es, en general, un abandono estatal y sobre los detalles de la acción municipal que problematizó, por vez primera, el tema del riesgo y la vulnerabilidad ambiental.

Las percepciones locales dominantes que ven a Inflamable como una zona carente de autoridad están justificadas en más de un sentido: desde que existe el polo petroquímico, pocas acciones estatales han sido dedicadas a regular y controlar las actividades que allí se realizan. Como nos relataba el subsecretario de Desarrollo Sustentable de la Provincia de Buenos Aires cuando visitamos el polo con él: "Miren la distribución de los tanques de gas cerca de depósitos químicos, caños que cruzan la zona, es básicamente lo mismo que pasó con el espacio urbano: nadie reguló nada".

A las compañías del polo se les ha permitido que se monitorearan a sí mismas –con las consecuencias que hoy padecen los vecinos–. En marzo de 2004, la secretaria de Producción y Medioambiente de la Municipalidad de Avellaneda admitía públicamente que su oficina no controlaba directamente las plantas dentro del polo sino que confiaba en los informes que éstas producían sobre sus operaciones (véase también el reporte publicado en *La Nación*, 30 de marzo, 2004).[6] Si el Estado municipal, provincial y federal no puede o no quiere controlar las actividades del polo, mucho menos aún puede o quiere monitorear lo que sucedió y sucede en las tierras vecinas que fueron (y son) utilizadas por las plantas y por contratistas individuales como basural gratuito. Las docenas de testimonios de vecinos del lugar desmienten la afirmación de personal de Shell (Inflamable "nunca fue un vaciadero de basura, barros u otras yerbas de parte de las industrias locales"): prácticamente todos los vecinos recuerdan haber visto camiones saliendo del polo y descargando "vaya uno a saber qué" en el barrio. Como describimos antes, más de un vecino utilizó este material para rellenar sus terrenos.

En términos generales, los distintos niveles del Estado no mostraron preocupación alguna por el tema de la contaminación industrial producida por las actividades del polo y sus efectos en la gente de Inflamable. Hasta donde pudimos reconstruir –recurriendo a la historia oral, documentos con la historia de Dock Sud y notas periodísticas– la degradación ambiental y sus perniciosos efectos en la salud no fueron tema de discusión pública hasta hace muy poco. Esto comenzó a cambiar cuando una administración autodefinida como "progresista" ocupó el gobierno municipal en 1999 y, sobre todo, cuando un funcionario sin experiencia (nuevo en la política, nuevo en lo que alguien, como funcionario, puede hacer o decir) se hizo cargo de la Secretaría Municipal de Medio Ambiente. Con una formación académica en estudios

6. "Cuatro meses de promesas oficiales incumplidas", *La Nación*, 30 de marzo de 2004.

ambientales, este joven funcionario, Máximo Lanzetta, comenzó a introducir el tema de lo que él denominaba "riesgo y vulnerabilidad ambiental" en la agenda pública y en la conciencia colectiva de los habitantes de Inflamable. En el mes de diciembre de 2000, por iniciativa del gobierno municipal, se llega a un acuerdo entre los gobiernos nacional, provincial, de la ciudad de Buenos Aires y de la municipalidad de Avellaneda para llevar a cabo un monitoreo del aire en la zona lindera al polo petroquímico, con fondos provistos por la Agencia Japonesa de Cooperación Internacional (JICA). Como recuerda Lanzetta, mientras se realizaba el estudio de monitoreo del aire un vecino de Dock Sud le dijo en una de las tantas reuniones públicas que se realizaban alrededor del tema que: "El mejor monitor es nuestro cuerpo". Luego de varias disputas entre los distintos niveles de gobierno, JICA otorgó fondos para realizar el estudio epidemiológico citado en el capítulo 2, que luego fue altamente cuestionado por Shell, como vimos en el capítulo anterior.

Tanto el estudio de aire como el epidemiológico generaron una intensa actividad comunitaria en Dock Sud y, en cierta medida, en Inflamable. La municipalidad organizó reuniones informativas para explicar los detalles de ambos estudios y para solicitar la cooperación de la población local. Es importante notar la creación de un comité de control ambiental (cuya duración fue de un año y medio y que incluyó representantes del gobierno municipal y provincial, de organizaciones comunitarias y de empresas del polo).[7]

Mientras estos estudios se llevaban a cabo y proliferaban las reuniones barriales, varias escuelas locales en Dock Sud tuvieron que ser evacuadas porque reportaron "escapes tóxicos" presumiblemente provenientes del polo petroquímico. Estos episodios, junto a la masiva publicidad que recibió el "estudio de los japoneses" (como muchos vecinos aún lo llaman) y los pronunciamientos públicos del intendente de Avellaneda y su secretario de Medio Ambiente reclamando

---

7. Véanse las actas de las veinte reuniones del Comité de Control y Monitoreo Ambiental (enero 2002 a agosto 2003) inéditas.

por mejores controles de las actividades y emisiones del polo petroquímico, tuvieron un efecto bastante conmovedor en la población local.[8] En noviembre de 2001, aproximadamente 200 vecinos de Dock Sud (incluyendo a algunos de Inflamable) bloquearon la entrada al polo interrumpiendo de manera efectiva la circulación de cientos de camiones durante un par de horas. Fue el primer piquete organizado en la zona por un tema de contaminación. Un manifestante resumía la demanda colectiva de esta forma (encapsulando la indiferencia estatal y anticipando, quizás sin saberlo, lo que vendría): "Siempre estamos sufriendo las consecuencias de los escapes tóxicos y nadie hace nada. Vienen, miran, nos escuchan y se van" (*Diario Popular*, 8 de noviembre, 2001). Sería difícil encontrar una mejor expresión de la relación (pasada y presente) entre los habitantes de Inflamable y el Estado.

Esta protesta generó una reveladora polémica entre distintos funcionarios del gobierno: el intendente de Avellaneda acusó al gobierno de la provincia de Buenos Aires de "proteger y defender a las empresas privadas del polo, cuando debería estar protegiendo la salud de los vecinos de Dock Sud" (*Diario Popular*, 10 de noviembre, 2001). El intendente Laborde demandó la transferencia de poder y recursos para controlar las actividades del polo. Funcionarios del gobierno provincial respondieron rápidamente diciendo que "la municipalidad de Avellaneda ya tiene jurisdicción en el polo [...] esta polémica no tiene sentido". El intendente, por su parte, admitió que "por un lado, están las compañías que contaminan y, por el otro, está el gobierno de la provincia de Buenos Aires que no

---

8. En los meses de mayo y diciembre de ese mismo año, Greenpeace organizó dos protestas en la zona. En la primera, el 22 de mayo, activistas de Greenpeace bloquearon la entrada de Tri-Eco argumentando que era una "fábrica de cáncer". En la segunda, realizada en el aniversario del desastre de Bhopal, activistas de esa ONG levantaron 800 cruces blancas en un descampado frente al polo para protestar por la falta de políticas de control de las emisiones tóxicas en el área. (Véase, por ejemplo, el artículo "Piden un mayor control a las empresas de Dock Sud", *La Prensa*, 8 de noviembre, 2001.)

las controla como debería". En el medio de la disputa estaban los vecinos, "como si fuera un partido de tenis", según decía el presidente de la sociedad de fomento de Dock Sud (*Diario Popular*, 10 de noviembre, 2001). No centraríamos nuestra atención en este debate interno entre funcionarios si no fuese por el hecho de que pensamos que ilustra claramente la manera en que el problema de la contaminación industrial y sus consecuencias es (mal)tratado por el Estado, es decir, se considera que es un problema cuya solución es siempre responsabilidad de otro. Un reproche realizado por un funcionario provincial al secretario de Medio Ambiente local en ocasión de que este último diera a conocer los resultados del estudio de JICA resume la visión del Estado sobre el problema: "Vos [refiriéndose al funcionario que estaba dando a conocer los resultados del estudio de JICA a los medios de comunicación nacionales] creaste el problema, vos tenés que resolverlo". Como nos confesaba el ex secretario local de Medio Ambiente: "Así es como los funcionarios ven el tema de la contaminación como un problema que nosotros les creamos a ellos". No por nada, Lanzetta se refiere al estudio de JICA como un Exocet: un misil capaz de generar mucho daño, en este caso, a los funcionarios estatales.

Como ya debería estar claro, la acción (sobre todo retórica) del Estado respecto de la toxicidad proveniente de las industrias del polo es bastante reciente. La actividad del gobierno local en relación a la contaminación industrial llegó a su pico en agosto de 2003, cuando se dio a conocer el segundo reporte de JICA (el estudio epidemiológico). Luego de que el informe se diera a publicidad (demostrando la presencia de plomo y otros contaminantes en la sangre de los niños de Inflamable), el intendente solicitó al juzgado penal local que investigara de dónde provenían las "emisiones probablemente cancerígenas" (9 de agosto, 2003) –el juzgado no ha convocado a una audiencia hasta el día de la fecha (junio de 2006). Un mes más tarde, el entonces presidente de la Argentina, Néstor Kirchner, y el gobernador de la provincia de Buenos Aires, Felipe Solá, firmaron un acuerdo para relocalizar el polo petroquímico. En un acto público organizado en una de las escuelas locales que hacía sólo dos años había tenido que ser evacuada por un escape tóxico, el Presidente de la Nación declaraba:

> Queremos que las empresas vengan al país a producir, pero estamos cansados de que vengan a cualquier costo [...] estas empresas generaron una situación ambiental lamentable [...] El medio ambiente es parte de nuestra riqueza y parte de nuestra calidad de vida. [El polo petroquímico] es una ofensa a la dignidad de todos los argentinos" (*Télam*, 11 de septiembre, 2003).

Los funcionarios del gobierno local y de Shell no tomaron seriamente este anuncio ni el acuerdo firmado entre los mandatarios: "No firmaron nada", nos dijeron diferentes funcionarios públicos y representantes de Shell que usualmente en esta discusión se ubican en lugares opuestos. Cuando entrevistamos a la secretaria de Medio Ambiente de Avellaneda, admitió que el acuerdo para la erradicación del polo era una "ilusión óptica". Y los hechos parecen darle la razón. Desde el año 2003, poco (salvo algunos exámenes y tratamientos a los niños y niñas con altos niveles de plomo, tratamientos y exámenes que fueron sorpresivamente suspendidos en varias oportunidades) se ha hecho para abordar de manera contundente y sostenida el tema de la contaminación ambiental y el envenenamiento por plomo, a pesar de una decisión de la Corte Suprema de Justicia de la Nación ordenando a los distintos niveles del Estado tomar acciones concretas respecto del tema de la contaminación citando, entre otros ejemplos, el caso de Inflamable (véase capítulo 5). En realidad, el tema del sufrimiento tóxico está lejos de ubicarse entre las prioridades de la política pública en la Argentina contemporánea.

¿Cómo los vecinos no van a estar confundidos, perplejos e incluso desafiantes si los funcionarios estatales, presumiblemente a cargo de su bienestar, envían esta cantidad de mensajes contradictorios, confusos y muchas veces provocativos? Por un lado, los funcionarios promueven la discusión sobre el tema de la contaminación, denunciando públicamente a las empresas por sus emanaciones tóxicas que amenazan a la salud, apoyando de esta forma un estudio (JICA I y II) sobre la extensión y los efectos (si bien no las fuentes) de la polución industrial. También aparecen prometiendo (en palabras del propio presidente) la relocalización del polo petroquímico (hasta diciembre de 2006, y aun cuando funcionarios municipales admitieran que esta erradicación fuese una "ilusión óptica", otros hacían saber públicamente que la erradicación de todas las empresas era la única "solución real").[9] Por otro lado, funcionarios del Estado aparecen de manera bastante aleatoria y sorpresiva en Inflamable, con noticias sobre la erradicación (no del polo, sino del barrio), llevando a cabo un censo presumiblemente relacionado con ella. Luego desaparecen sin dejar rastro de este o aquel programa de relocalización, lo cual explica la enorme cantidad de rumores que circulan en el barrio respecto de las futuras viviendas para los habitantes de Inflamable, desde grandes edificios en lejanos suburbios a pequeños departamentos en el cercano Dock Sud. Los funcionarios, además, promueven un programa de tratamiento para los intoxicados con plomo que luego es arbitrariamente suspendido y más tarde, sorpresivamente también, reiniciado (con las consecuencias perniciosas que ello provoca). De esta manera, la "mirada desviada" (*averted gaze*) del Estado, representada en las palabras y acciones de altos y bajos funcionarios, alimenta la incertidumbre y la confusión "con su implacable opacidad, su rechazo a comprender, su inhabilidad para actuar responsablemente frente al sufrimiento humano" (Scheper-Hughes, 1994, pág. 294). Si ese Estado es simultáneamente confuso, abandónico y desafiante, ¿por qué esperamos que vecinos, muchos de ellos enfermos y débiles, actúen de otra manera?

---

9. El subsecretario de Salud de Avellaneda así lo dijo en un popular programa de televisión (*La Liga*, junio de 2006). La emisión incluyó entrevistas con vecinos de Inflamable. El funcionario aseguró: "La solución al problema de contaminación es la erradicación lisa y llana del polo petroquímico".

Los (malos) entendidos médicos

> *El estudio de los sentidos de la enfermedad no es sólo sobre la experiencia individual particular; es también un estudio de las redes sociales, las situaciones sociales y las diferentes formas de realidad social. Los significados de la enfermedad son compartidos y negociados. Son una dimensión integral de la vida vivida junto a otros [...] La enfermedad está profundamente enraizada en el mundo social, y consecuentemente es inseparable de las estructuras y procesos que constituyen ese mundo. Para el practicante de medicina, como para el antropólogo, un estudio de los significados de la enfermedad es una travesía hacia las relaciones.*
>
> Arthur Kleinman, *The Illness Narratives. Suffering, Healing, and the Human Condition.*

En muchas oportunidades, en el transcurso de entrevistas formales y charlas informales, los habitantes de Inflamable nos cuentan que los doctores en el centro de salud local les sugieren que, si ellos y sus seres queridos quieren curarse, tienen que mudarse del barrio. En otras ocasiones, los vecinos hablan de un confuso silencio de los doctores respecto de sus quejas o hacen referencia al abuso de la "receta de la aspirina", que los vecinos saben bien que "no hace nada". Algunos otros vecinos sospechan que, dado que los "doctores están pagados por Shell" –algo que no es cierto pero que surge porque el centro de salud fue construido con fondos provistos por esa compañía– tienen que "quedarse callados". En el transcurso de nuestro trabajo de campo, tuvimos oportunidad de entrevistar a los doctores del centro de salud local en dos oportunidades. Las respuestas que dieron a nuestras preguntas, centradas en la precaria salud de la población y el vínculo que esto tiene con la contaminación ambiental fueron, en más de un sentido, bastante enigmáticas. Esta falta de afirmación se combina, por un lado, con simple ignorancia respecto de las relaciones establecidas y documentadas entre los tóxicos y la salud individual y, por el otro, con sus propias sospechas respecto de que, en palabras de uno de los doctores, "acá algo raro está pasando".

Durante nuestra primera visita (en julio del año 2004), un grupo de tres doctores y una enfermera nos describió los problemas de salud más usuales en la población de Inflamable. Utilizando su propia experiencia en otras zonas de alta densidad de pobreza urbana, todos acordaron que las patologías que afectan a los habitantes del lugar no son diferentes de aquellas que sufren quienes viven en otras zonas pobres. En un diagnóstico que separa lo que usualmente viene en conjunto (pobreza y degradación ambiental), los doctores afirmaron: "Acá las enfermedades son el resultado de la pobreza, no de la contaminación". Utilizando un ejemplo que reconoce ecos de las palabras de Shell, las enfermedades respiratorias, nos dijeron, no están causadas por la polución "sino por problemas de la pobreza, como el hacinamiento".

Ésta fue nuestra primera reunión con los médicos del centro de salud local: nos quedamos un tanto perplejos con las respuestas. Cuando, basándonos en nuestra experiencia etnográfica anterior, les preguntamos sobre la no muy común existencia de un centro de salud con servicio de emergencia durante las 24 horas del día, con una ambulancia en funcionamiento y con siete doctores, la respuesta acentuó nuestras dudas: "Y sí, para decir la verdad, acá algo raro hay. Pero no sabemos. Nada es lo que parece en Inflamable".

Nota de campo de Débora

25 de julio de 2005
Misterios locales. Las doctoras nos dicen que el centro de salud debe estar perdiendo plata porque muy poca gente asiste y está muy bien equipado en comparación con otros centros. Las entrevistamos en una sala que tiene un gran mapa del barrio colgado en la pared. El mapa fue confeccionado por una traba-

> *jadora social que intentó llevar un registro de las enfermedades más comunes del barrio. La trabajadora social se fue y se llevó todos los datos con ella, con excepción del mapa. Las doctoras estaban sorprendidas. Nosotros también.*
>
> *Esta mañana hablé con Estela. Me iba a ayudar a hacer un mapa con los casos de envenenamiento con plomo (para saber si se agrupan en alguna zona del barrio). Pero el director del centro le dijo que no me ayudara. Le dijo a Estela que el tema del plomo era "su tema" y que no debía exponer más a las familias. Yo le dije a Estela que ya entrevisté a las mamás con hijos contaminados y que no tuvieron problema alguno. Le dije a Estela que yo podía hablar con el director, pero me dijo que mejor no. Hice el mapa sin su ayuda.*

Un año más tarde (julio de 2006), entrevistamos a una pediatra y a una médica clínica que trabajan en el centro de salud a la mañana. Como los doctores que entrevistamos antes, también negaron la existencia de enfermedades que fueran exclusivas de Inflamable. La anemia y las alergias que con frecuencia diagnostican aquí son, según ellas, comunes a otras áreas con necesidades básicas insatisfechas: "Lo que ves acá es lo mismo que tratamos en Solano". Cuando les preguntamos sobre los probables efectos de la contaminación, ellas (con la lógica individualizadora que a veces se da en los médicos) nos dijeron que, a los efectos de comprender mejor el tema, hay que realizar estudios "caso por caso". Sin embargo, también nos comentaron que hay que relocalizar a los vecinos porque "el área es inhabitable" (un hecho que confirma esta afirmación es que uno de los monitores de aire durante el estudio de JICA estaba localizado en el centro de salud y registró niveles elevados de benceno). Estas doctoras, a su vez, nos contaron dos casos que, en algún sentido, ponen en duda sus propias evaluaciones sobre los efectos de la polución: "Hace un tiempo, dos mujeres se quedaron ciegas. Por ahí eso tiene que ver con la contaminación".

Estas dos doctoras no conocen en detalle el estudio de JICA y (equivocadamente) piensan que el plomo afecta sólo a los hijos e hijas de adultos que trabajan con plomo. Varias veces repiten que no hay en el barrio enfermedades relacionadas con la polución. Sin embargo, en reiteradas oportunidades durante nuestra charla, es bastante evidente su falta de formación en lo que hace a la detección y diagnóstico de este tipo de enfermedades. En siete años de estudios en la facultad de medicina tomaron sólo una clase sobre salud ambiental. Una de ellas intentó sacarse la duda sobre sus nunca del todo articuladas incertidumbres haciéndose una serie de análisis (para detectar plomo, cromo y tolueno). Como si intentaran reforzar los resultados negativos de estos exámenes, ambas nos cuentan que otra doctora dejó el centro porque "decía que estaba contaminada con tolueno. Parece que se hizo los exámenes otra vez en su nuevo lugar de trabajo y le dio niveles de tolueno más altos. Así que no puede ser este lugar" (Claudia, cuya historia abre este libro, cree que esa doctora dejó el centro porque estaba contaminada con plomo).

Los doctores en el centro de salud local no están solos en su ignorancia mezclada con sospechas. El director asociado del principal hospital de Avellaneda (y uno de los más importantes de Buenos Aires) admitió frente a funcionarios de la oficina del Defensor del Pueblo de la Nación[10] que su hospital carecía de competencia para "identificar sustancias tóxicas o realizar estudios" sobre enfermedades relacionadas con la contaminación. En su entrevista con la Defensoría del Pueblo, este doctor dijo que conocía el estudio de JICA, pero ignoraba sus resultados. Curiosamente, el director asociado expresó públicamente su desacuerdo con la manera en que el director ejecutivo había manejado el tema de la contaminación ambiental. El informe del ombudsman apunta que el director ejecutivo podría tener vínculos con las compañías del polo petroquímico (Defensoría del Pueblo de la Nación Argentina, 2003, pág. 249). Funcionarios de la Defensoría también detectaron esta

---

10. Lo entrevistaron para elaborar un informe sobre la salud de la cuenca Matanza-Riachuelo (2003).

misma carencia de información entre los doctores del hospital Ana Goitía, especializado en embarazos, nacimientos y neonatología, y del hospital Cosme Argerich; ambos hospitales atienden a la población de Inflamable.

Dos temas surgen de lo anterior y son fundamentales para entender las experiencias tóxicas de Inflamable. En primer lugar, los doctores del centro local expresan una orientación médica que, en palabras de Kleinman (1988), se concentra en la dolencia (*disease*) e ignora la enfermedad (*illness*), esto es, la experiencia humana de síntomas y sufrimiento, las maneras en que la red familiar, de amistad y de vecindad del individuo "percibe, vive con, y responde a los síntomas y a la incapacidad" (pág. 3). Para habitantes como Claudia, Estela, Daniel, Belisario o, como veremos enseguida, Mirta, la incertidumbre sobre la contaminación tóxica presente y sus efectos futuros es una fuente real de sufrimiento –ese sufrimiento, sin embargo, no tiene lugar alguno en la perspectiva médica–.

En segundo lugar, y relacionado con esto, según las percepciones de los doctores (y las de Shell), los datos médicos o científicos suprimen (en realidad, deslegitiman) la generalizada ansiedad que los habitantes del lugar, tanto hombres como mujeres, tienen respecto de los efectos perniciosos de los tóxicos. Parafraseando el perceptivo análisis de Todeschini (2001), realizado sobre las experiencias de género en relación con la bomba atómica, podríamos decir que es en nuestro caso irónico, incluso cruel, que luego de haber ofrecido a sus hijos e hijas para una investigación no poco invasiva (tests físicos y psicológicos, incluyendo exámenes de sangre, que fueron realizados para el estudio de JICA II y luego durante el irregular programa coordinado por el Estado), a los habitantes de Inflamable ahora se les dice que sus miedos y sus ansiedades respecto de su salud y la de sus seres queridos carecen de fundamento.

Deberíamos, sin embargo, advertir que, si bien los doctores parecen convencidos de la inexistencia de patologías específicas relacionadas con la contaminación en Inflamable, sus pacientes a veces escuchan algo diferente. Como señalamos más arriba, en más de una oportunidad los vecinos nos comentaron que los doctores les habían sugerido que tenían que mudarse porque sus enfermedades (y las de sus hijos) sí estaban relacionadas con la zona. No sabemos si los doctores, en efecto, les dicen eso a los vecinos; lo que es importante, sin embargo, es lo que estos últimos escuchan de parte de doctores en quienes, en general, confían. Las contradicciones entre las palabras y las acciones de los doctores y las tensiones entre su discurso público y las experiencias individuales son otras *fuentes de confusión*. ¿Cómo es posible que los vecinos no estén confundidos si los doctores locales están desconcertados, desinformados o equivocados sobre las causas del sufrimiento en el lugar? ¿Cómo no han de perpetuarse los enigmas y los errores en medio de tantos discursos contradictorios? ¿Cómo los vecinos no van a sospechar posibles vínculos entre los médicos y el polo petroquímico –vínculos que estarían ocultando el conocimiento sobre los efectos peligrosos de la contaminación– cuando los propios doctores tienen también sospechas similares al respecto?[11]

Los medios de comunicación

Nota de campo de Javier

17 de agosto de 2004

Son las 3 de la tarde y un grupo de Canal 13 llega a la casa de Eugenio (es vicepresidente de la sociedad de fomento local y trabajó para el subsecretario de Medio Ambiente de la municipalidad). Eugenio y Marga (la actual presidenta de la sociedad de fomento) convocaron a los vecinos para que "vengan y le cuenten a los periodistas lo que está pasando". Varias de las madres cuyos hijos están contaminados con plomo se hicieron presentes, en un grupo de aproximadamente veinte personas. Fue extraño

---

11. Sobre las deficiencias del saber médico en relación con los peligros ambientales en los Estados Unidos, véase Brown y Kelley (2000).

ver a Otero (famoso presentador de noticias en la televisión) en saco y corbata, con su cara llena de maquillaje. Un camarógrafo, el productor ejecutivo del noticiero, cuatro funcionarios municipales (que trabajan para el defensor del pueblo local, quien pertenece a la oposición del actual intendente) y un médico del hospital Argerich llegaron en dos autos y estacionaron en la casa de Eugenio, frente a un gran bañado. Vinieron, de acuerdo a uno de los empleados de Canal 13, para "informar sobre los efectos de la contaminación en la población". Las mamás de los chicos con plomo se acercaron al lugar con la esperanza de obtener alguna ayuda (medicamentos o tratamiento para sus hijos). Otero entrevistó a Marga que se quejó muy severamente sobre la contaminación proveniente del polo petroquímico y a Alejandra que habló muy suavemente, con la mano en la boca cubriendo sus muchos dientes faltantes, sobre su hijo con plombemia. Otero entrevistó al doctor, que vino al lugar con ellos. Con ayuda de Eugenio, Otero y el médico fueron hasta el borde del sucio bañado. Con las aguas estancadas y mugrientas como telón de fondo escogido, el doctor, en impecable guardapolvo blanco, habló de las toxinas altamente peligrosas en el aire de Inflamable y de los efectos devastadores en la salud de la población. Todo el evento duró aproximadamente unos 25 minutos y fue observado por personal de la Prefectura Naval situado a una cuadra del lugar de reunión –de acuerdo a un vecino, "para controlar"–. El médico se fue sin hablar con los vecinos.

Cuando uno de nosotros escribió esta nota, no sabía cuán familiarizados estaban los habitantes de Inflamable con la presencia de los medios de comunicación en la zona. Pero no pasó mucho tiempo antes de que esto se hiciera obvio. Muchísimos son los vecinos que han hablado con periodistas de televisión o cronistas de periódicos durante los últimos cinco años. El tema siempre ha sido el mismo: la contaminación. Las visiones que los residentes tienen de los medios de comunicación son ambiguas. Por un lado, los habitantes saben muy bien que cuantos más sean los medios que lleguen al lugar, mayores serán sus posibilidades de ser escuchados –y por ende, de que el Estado reaccione frente a la situación–. Citando nuevamente a Liliana: "[los funcionarios] se van a enterar por los medios y les va a dar vergüenza, se van a dar cuenta de que no pasó nada, de que los exámenes de plomo que se hicieron hace años fueron inútiles". Como en muchos otros territorios de relegación urbana, los medios son vistos como uno de los pocos canales que tienen los vecinos para hacerse escuchar. Los habitantes de Inflamable tienen un sentido intuitivo de que sus vidas son noticia y ofrecen su tiempo cuando este o aquel periodista se hace presente en el barrio.

Sin embargo, los vecinos también expresan su fastidio frente a lo que perciben como un uso mediático de sus padecimientos. En varias ocasiones escuchamos expresiones que dan cuenta de este malestar con los periodistas que vienen al barrio, prometen "ayuda" a cambio de "nuestra historia" y luego desaparecen ("este tipo de *Punto Doc* nos dijo que nos iba a enviar ropa y otras cosas y no apareció nunca más").

Pero las intervenciones mediáticas son una fuente de confusión constante en Inflamable, no porque los periodistas entren y salgan y, según creen los vecinos, utilicen su sufrimiento. Los medios desconciertan porque aparecen sorpresivamente, construyen noticias que se centran en los aspectos más extremos de la vida de aquí, y luego las publican/emiten con el lenguaje legitimado del periodismo (con la ayuda del ocasional experto) acentuando lo improbable, casi imposible, que es la vida en este "infierno" (como el diario *Página 12* llamó a Inflamable). Muchos vecinos creen que los medios se ocupan de lo que los propios vecinos llaman "bombas" para desaparecer inmediatamente luego de la explosión (produciendo frases simplificadoras y simplistas como "la mitad de los chicos del lugar están contaminados" o "el polo produce cáncer"). Los periodistas parecen ignorar una verdad casi elemental: los residentes no son sólo productores de historias para los medios, sino que también son los consumidores de esas noticias. Sus historias se mueven hacia afuera del barrio, hacia la pantalla de televisión, para luego regresar como reportes unidimensionales, sensacionalistas, de vidas terribles, dirigidos no a la población de Inflamable sino al público general. Si los medios les dicen que la vida de ahí es imposible, apareciendo en búsqueda de una historia, desapareciendo con la misma velocidad y reapareciendo en la pantalla, ¿cómo es posible que los vecinos no estén confundidos, perplejos?

Notas de campo de Débora

15 al 19 de abril de 2005
Me encontré a María, que tiene una hija con plomo en sangre. Me mostró sus granos en manos y brazos. Despotricó contra Punto Doc y otro programa más del 13 porque le prometieron ropa, una casa y no sé qué otras cosas más y nunca más aparecieron [...] Días más tarde me encontré con ella en la escuela; me dijo que había tenido problemas la nena más chica y la más grande tiene un cuadro alérgico, se le hinchan las manos y no saben por qué es.

Palabras del poder

Cuando de contaminación circundante se trata, los ojos de los habitantes de Inflamable no están ni del todo cerrados ni del todo abiertos. Las visiones son bastante variadas: van desde lo que Paul Willis (1977) denomina "penetraciones parciales" –discernimientos sobre las causas (corrupción gubernamental o codicia corporativa) y los efectos (sobre su salud y la de sus seres queridos) de la polución industrial – hasta una incertidumbre bastante más generalizada. Los estudiantes en la escuela local, por ejemplo, tienen un grado de certeza sobre las fuentes de la contaminación (aunque a veces se equivoquen respecto de las sustancias que éstas producen). Sus puntos de vista, creemos, están muy influidos por la insistencia de sus maestras y maestros que ven la contaminación como el problema fundamental del barrio. Muchos educadores de la escuela local también creen (y sus creencias resuenan en las voces de los estudiantes) que Shell, a pesar de los "planes de promoción social" con los que benefician al barrio (la escuela incluida), y otras compañías del polo son responsables directos del sufrimiento tóxico de los vecinos. Pero una vez que uno abandona la escuela, las creencias dejan de ser uniformes, las dudas prevalecen. Este capítulo se concentró en la forma de esta incertidumbre y en sus orígenes endógenos y exógenos.

La confusión y la incertidumbre son, por cierto, construidas socialmente. Pero la construcción de la mistificación no es una acción cooperativa. Lo que los doctores dicen sobre la salud en el barrio (y lo que callan) tiene un peso diferente de lo que, por ejemplo, María Soto tiene para decir. Lo que el Presidente de la Nación y otros funcionarios estatales afirman, hacen o dejan de hacer importa más de lo que Don Belisario haga o diga. Lo que Shell (o, como veremos en el próximo capítulo, otra compañía) diga o niegue y haga o deje de hacer tiene consecuencias más relevantes que lo que pueda lograr el más enojado y desafiante de los vecinos. Las opiniones y las intervenciones tienen, sabemos, un peso diferencial (Williams, 1977; Bourdieu, 1991; Perrow, 1999). En otras palabras, algunos actores tienen un impacto mayor sobre la manera en que se construye y se (mal) percibe la realidad tóxica de Inflamable. Las intervenciones dominantes (y contradictorias) encuentran eco en las voces de los vecinos, demostrando que la cultura de la incertidumbre tóxica es por cierto una compleja trama de significados y entendimientos compartidos. Las voces de los residentes también nos demuestran que esta cultura está moldeada por el ejercicio del poder material y discursivo.

CAPÍTULO 5

Una espera expuesta

La espera es una de las formas privilegiadas de experimentar los efectos del poder [...] La espera implica sumisión.

PIERRE BOURDIEU, *Pascalian Meditations*[1]

Las afligidas esperanzas de Mirta

Mirta —Nos vamos a mudar a Tucumán.
Débora —¿A vivir?
Mirta —Sí. A vivir ahí. Es lindo ahí. Es distinto. ¿Vos viste lo que pasó ayer? Le robaron a Josefina. Y eran chicos del barrio, conocidos, chicos que saludamos todos los días.
Luis —No sé si nos vamos a mudar a Tucumán. Es difícil conseguir laburo allá...
Mirta —¡Pero vamos a tener plata, Luis!

Este diálogo ocurrió en marzo del año 2005. El día anterior, unos ladrones habían entrado en la casa de una vecina que reside allí desde hace más de cuatro décadas. Mirta está manifestando su deseo de mudarse de Villa Inflamable, un interés que tiene sus orígenes no sólo en la creciente violencia interpersonal en la que ella está inmersa sino en el "horrible" medio ambiente, "todo lleno de basura, de ratas, todo contaminado". Luis, su marido, tiene serias dudas respecto de los planes de Mirta: no será sencillo obtener empleo en la provincia norteña. Sin embargo, Mirta cree que ésta no será una preocupación primordial en su nuevo lugar de residencia: espera recibir pronto una gran suma de dinero de una de

1. Todas las citas fueron traducidas por los autores.

las grandes empresas del polo. Ella, junto a diecisiete vecinos, ha demandado a la compañía transnacional Central Dock Sud. Están solicitando una abultada compensación monetaria por los daños causados por la instalación de una línea de cableado de alto voltaje sobre los techos de sus precarias viviendas. Estos cables, creen Mirta y su hermano Daniel, "nos traen un montón de problemas de salud".

Las líneas de alta tensión de 132 mil V que están sobre la casa de Mirta y sus vecinos

Mirta tiene 28 años pero, como muchas de sus jóvenes vecinas, parece bastante mayor. Cada vez que nos encontramos con ella se la ve exhausta. Es una de las muchas beneficiarias del Plan Jefas y Jefes de Hogar. Luis, su marido, trabaja de changarín en el puerto de Buenos Aires. Mirta nos cuenta que "trabaja una semana y después no encuentra por un mes; trabaja tres días y cinco no. Labura en los barcos, una changa, nunca efectivo. Por ahí trabaja por un mes y pasa cinco meses sin conseguir otra changa".

Mirta tiene tres hijos, Alexis (7), Gonzalo (4) y Nara (2). Daniel (24), su hermano, vive en un pequeño cuarto en el fondo de la casa de Mirta. Es una fuente de constante preocupación para ella porque ha estado involucrado en pequeños delitos durante los últimos dos años. Daniel es, en nuestra opinión, un ladrón con poco éxito. En el mes de junio de 2004, mientras intentaba robar unas vigas de un depósito cercano, un guardia privado le disparó con una pistola de fabricación casera, las pequeñas balas le lastimaron seriamente el cuerpo y la cabeza: "Tocá acá, la cabeza", nos dice, "todavía tengo los perdigones acá. Me ponen re nervioso". Un año más tarde, estaba enyesado en la pierna izquierda –esta vez había fracasado intentando robar un depósito y terminó con una pierna quebrada. Mirta nunca pudo anotar a Daniel en el Plan Jefas y Jefes: "hay mucho chanta ahí y hay que hacerse amigo de uno de los coordinadores. Siempre se quedan con algo", dice Daniel. Cuando él no está, Mirta nos dice que intenta comprarle cosas (ropa, zapatillas, etc.) para que "no caiga en la joda".

Mirta se ocupa de su hermano, pero su hijo Gonzalo, quien al nacer fue diagnosticado con malformación de Arnold Chiari, es la fuente principal de preocupación.[2] Gonzalo tiene problemas de nutrición y es celíaco. También, de acuerdo a Mirta, tiene "problemas de oído, la mitad de la cara la tiene paralizada desde que nació, tiene tortícolis y tiene 6 deditos en la mano. Gonzalo, mostrale la mano". Mirta sabe que los cables de alta tensión no son los responsables del padecimiento de Gonzalo porque no estaban allí cuando él nació: "Yo vivía acá cuando estaba embarazada de Nara y gracias a Dios ella está sana. No sé si Gonzalo se agarró esto por la contaminación. Los doctores me dicen que me tengo que mudar de acá, porque cuando la enfermedad que él tiene se ponga peor, las cosas van a ser más difíciles para él. Esos

---

2. De acuerdo al National Institute of Neurological Disorders and Stroke de los Estados Unidos, la malformación de Arnold Chiari es "una condición en la que la porción del cerebelo empuja hacia el canal de la espina". Gonzalo tiene Arnold-Chiari tipo II que está asociado con *"myelomeningocele* (defecto en la espina) e hidrocefalia (crecimiento del fluido cerebroespinal y presión dentro del cerebro)". Véase www.ninds.nih.gov. Mirta sabe que la cirugía puede reducir los síntomas de Gonzalo pero está, en sus propias palabras, "con mucho miedo, por ahí se puede operar cuando sea más grande".

cables tiran un ácido que es horrible. Pero no tengo plata para mudarme". Como a Claudia Romero (cuya historia contamos al inicio de este libro), a Mirta siempre le faltan medicamentos para las frecuentes convulsiones de Gonzalo: "Ayer tuvimos que salir corriendo al hospital porque nos quedamos sin remedios", nos dice con una clara expresión de frustración en su cara. Durante los últimos meses, Mirta ha ocupado buena parte de su tiempo en intentar "conseguir cosas" para Gonzalo. Fue a Caritas pero "no me dieron nada". También concurrió en repetidas ocasiones a la municipalidad local "para hablar con la mujer del intendente. La secretaria me dijo que ellos no eran los culpables de la enfermedad de mi hijo. Casi la mato, pero estaba con Gonzalo. Y él se pone muy mal si me ve nerviosa y empieza con las convulsiones. Así que me fui". También se contactó con Siepe (encargado de las Relaciones con la Comunidad de Shell) y le pidió paneles de madera para construir un cuarto especial para Gonzalo. El pedido le fue negado. Los vecinos ven a Mirta como una luchadora; alguien que, como nos decía una vecina, "nunca se rinde. Las cosas que hace por ese chico. Es admirable".

Durante los últimos cuatro años, Mirta ha estado haciendo trámites en la municipalidad local para conseguir fondos que le permitan mejorar la habitación de Gonzalo. En el diálogo que transcribimos a continuación veremos cómo sus frustraciones con las inacciones del Estado se combinan con su aversión al barrio y sus miedos respecto del peligro que el hábitat representa para su vida y la de sus seres más cercanos. Su vida es, como la de muchos otros en Inflamable, un frustrante tiempo de espera: esperando a que lleguen los servicios y recursos prometidos por el Estado local, esperando a que el hospital le entregue las medicinas. Como veremos más adelante, su vida es también una esperanzada espera. Espera abogados portadores de buenas noticias, médicos para que realicen los estudios que "prueben" –para utilizar sus palabras– los efectos dañinos de los cables de alto voltaje, jueces para que sentencien a su favor. Así Mirta podrá, eso espera, mudarse a otro lugar.

Débora —¿Y quién vino acá?, ¿una asistente?
Mirta —Una asistente de la municipalidad, de acción social, que mañana te traemos, que pasado, nunca más. La otra vez, cuando fui al hospital, salí como a la una de la tarde, llamé a la municipalidad y les dije: "Hablé con la nutricionista de Casa Cuna y me dijo que estaba muy bajo de peso. Y así que necesita esto y lo otro". Me dijeron: "Mañana sin falta te llevamos todo".
Débora —Y nunca nada...
Mirta —Nunca más aparecieron, hasta el día de hoy no apareció nadie. Yo no les estoy pidiendo plata, yo no les estoy pidiendo que me hagan una casa de material nueva, yo les estoy pidiendo que me hagan la pieza de él que esté forrada, madera le pedí. ¿Por qué?, porque acá por más que yo tenga mi cuidado de lavar las cosas con lavandina, desinfectar el piso, yo puedo tener esos cuidados, mi higiene, pero acá suben las lagunas y se llena de ratas y por más que vos tengas veneno, lo que tengas, las ratas no se van, son ratas, pero ratas, ratas, no son lauchitas que vos decís que tirás un poco de veneno y ponés la trampera y ya está. Yo no sé si vos viste ahí por la vereda...
Débora —Sí, ayer cuando volvía vi una, pero parecen cuises ya.
Mirta —Re grandotas. Si entra una rata de ésas y llega a morder al nene o la nena o llega a tocar algo... Yo arriba de esa mesa no dejo comida, arriba de la cocina o la mesada nunca dejo comida, yo siempre dejo arriba de esta mesa que es la que está más alejada de las paredes. Yo cuando me levanto a la mañana le paso el trapito con detergente. Lavandina a la mesa, a las sillas. Estas sillas las arruiné, de tanto pasarle el trapo con lavandina las descoloré.

Las veces que visitamos a Mirta siempre la encontramos con un trapo limpiando cuidadosamente su mesa y sus sillas. Está sumamente preocupada por la basura que la rodea, "necesitamos pedir un container, esto no puede seguir así, hay basura por todos lados".[3]

Mirta, como los estudiantes de la escuela local, siente que vive en el medio de la basura y la contaminación. Respecto de esta última ella, como tantos otros vecinos, tiene dudas sobre sus efectos (se pregunta en voz alta si la polución será la responsable de la malformación de su hijo).[4] Expresa también incertidumbres (y errores) respecto de los orígenes de la contaminación: "No es sólo Shell, tiene que ser Tri-Eco también porque ahí queman toda la mugre de los hospitales, queman cadáveres ahí. Tri-Eco quema lo de los hospitales, del sida, de tuberculosis, de las sífilis, todo eso queman en Tri-Eco. Estamos respirando los desechos del cuerpo humano". También se pregunta su alcance: "Acá el agua es buena. Eso es lo que decimos, yo la siento normal. Pero estaría bueno hacerle un examen. No es la misma agua de otros lados, es raro" [...] "Dicen que la tierra está contaminada. Pero los chicos estaban jugando con unas lentejas el otro día, y las tiraron por ahí, y creció la planta. Así que contaminado no está". Sin embargo, más allá de las incertidumbres, ella sabe, tanto como los doctores en el centro de salud local, que "algo raro" hay en Inflamable:

> Los fines de semana, cuando voy a lo de mi mamá (en Wilde, a media hora de su casa), los chicos (sus hijos) duermen bien, duermen hasta las 10 de la mañana, y duermen la siesta y duermen re

---

3. Nota de campo de Débora, 10 de febrero de 2006: "Ayer se robaron el container de basura. Alguna gente dice que se lo llevó la municipalidad. Mi primo vio un camión del municipio llevárselo. La gente sigue tirando la basura ahí. Y el dueño del almacén la quema día por medio. Pero los perros rompieron las bolsas y hay basura por todos lados. A veces es un asco. Llamamos a la municipalidad, pero no pasó nada".

4. En otra conversación, Mirta nos dijo que cuando estaba embarazada de Gonzalo trabajaba en una de las plantas del polo, "en limpieza". Un día "se me cayó un frasco con unos químicos, el olor era terrible y me desmayé. Me llevaron al hospital y a la semana siguiente me echaron". Al menos en dos ocasiones se preguntó si este episodio estaría relacionado con la enfermedad de Chiari que padece su hijo Gonzalo.

bien a la noche. Acá siempre se despiertan temprano. Siempre están nerviosos, como si estuvieran tensos. Yo ahí también duermo bien.

Ese "algo" está, cree Mirta, enfermando a los niños y niñas de Inflamable. Como otros beneficiarios del Plan Jefas y Jefes de Hogar, ella trabajó por unos meses en el centro de salud local. "Todos los chicos ahí", nos cuenta, "tienen algo: granos, tos, alergias. Yo tengo estas manchas en la espalda que nunca tuve antes (de que pusieran los cables de alta tensión). Estoy tomando antibiótico". Las creencias sobre los efectos de la contaminación vienen de la mano de las críticas a la utilización que agentes externos hacen de su sufrimiento y de convicciones sobre las acciones de quien es percibido, por Mirta y su hermano, como el actor más poderoso en el barrio: Shell.

> Mirta —¿Sabés lo que pasa? La gente está cansada de todo el chamuyo. Está cansada de que venga un fotógrafo, le saque fotos a tu chico que está enfermo y nunca vuelva.
> Javier —Y también están cansados de los tipos como yo que vienen con un grabador.
> Mirta —No, pero, sacan una foto... y bueno, después la empresa los compra. Los canales de televisión vienen y la compañía los compra para que no muestren nada. ¿Qué vale más? ¿La plata de Shell o la salud de los chicos? Hay muchos chicos enfermos acá.

Implícitamente negando el argumento que habla de las "pobres prácticas higiénicas" de los habitantes como la causa de su precaria salud, Mirta afirma que: "Si bañás a tu hijo todos los días y no lo dejás ir a jugar en la basura, tu hijo no se va a enfermar. Pero hay chicos que son sensibles a la contaminación, sensibles a toda la basura. Viven con las piernas todas lastimadas, con todos esos granos y esas manchas. Y las mamás no tienen plata para ir al hospital". Tanto Mirta como su hermano Daniel están convencidos de que, en lo que a contaminación se refiere, Shell silencia al mejor intencionado de los visitantes:

Mirta —Antes ni se hablaba de la contaminación. Los canales de televisión ni pintaban por acá como vienen ahora.
[...]
Daniel —No. ¿Estás loco? Los de la Prefectura (quienes, según él, trabajan para Shell) no te dejan sacar fotos acá. Si Siepe se entera de que andás por acá, te llama a su oficina y te pregunta cuánto querés para tomártelas de acá.
Javier —¿Siepe? [pretendiendo no saber quién es]
Daniel —Sí, la persona más pulenta (poderosa) en Shell.
Mirta —Es como un mediador.

Mirta y Daniel creen que las compañías no sólo controlan lo que sucede en el barrio sino que son los árbitros de sus propias vidas: "Ellos (refiriéndose a Petrobras) no nos quieren acá en octubre. Compraron estas tierras porque quieren construir un estacionamiento acá" (Esta conversación ocurrió en julio de 2004. En agosto de 2006, Mirta y Daniel seguían viviendo allí y no había habido relocalización alguna). Sin embargo, a pesar de todo su sufrimiento, sus quejas, y sus ansiedades, Daniel y Mirta tienen esperanzas, todas depositadas en esa "súper abogada; gracias a Dios tenemos a esa abogada, que vino y nos salvó". En un párrafo que resume su situación, su difícil espera, su falta de confianza en el Estado y sus expectativas, Mirta nos dice:

> Yo a veces no tengo ni ganas de levantarme (y mis chicos tampoco). Pero yo los entiendo porque esto de los cables [...] Yo a ellos no les hice estudio de contaminación. Estoy esperando para que la abogada me lleve a la revisación médica, porque vos les hacés acá en la salita los estudios de contaminación y se pierden en la municipalidad, los perdieron a todos. Entonces a mí no me sirve de nada que a mi hijo me lo pinchen todos los meses, me los internen dos o tres días en La Plata y después vuelva para acá, no me sirve a mí. Entonces estoy esperando a la abogada para que nos haga la revisación médica para justificar mejor y sé que no se van a perder en las manos de la abogada y que eso va a ir directamente al juez. Yo tengo fe que nos vamos a ir, si no me voy a Tucumán, me iré a un campo, pero me voy.

Yo no quiero estar más acá, no quiero estar más, vos sabés que yo estoy en otro lado y estoy bien, pero llego acá y me amargo porque ves la mugre, ves las ratas, ves todo, no quiero estar más en este barrio, lo odio, no quiero estar más, no quiero estar más acá. Yo quiero algo lindo para mis hijos.

•••

La difícil situación de Mirta sintetiza muchos de los temas recurrentes de la experiencia tóxica de Inflamable. Ya hemos examinado algunos de ellos en los capítulos anteriores: a los vecinos no les gusta el ambiente que los rodea, tienen incertidumbres respecto de los efectos concretos de la polución industrial en la salud, están frustrados con las acciones e inacciones del Estado y tienen muchas sospechas respecto de las acciones e inacciones de las empresas. Otros temas merecen una atención un poco más cuidadosa. En este capítulo analizaremos "el caso de los cables" como un intento fallido de acción colectiva que procuró tematizar la cuestión del insalubre medio ambiente. El caso de los cables ilustra muchos otros temas de la experiencia tóxica local: la percepción que tienen los vecinos del barrio de la fortaleza extrema de las empresas (que son vistas como capaces de "comprar" todo, incluso a los visitantes) y, en relación con ésta, la sensación de debilidad de los habitantes (quienes, en general, creen que nada se puede hacer contra actores tan poderosos que se mueven, según se sobreentiende, en concierto con las autoridades estatales). El caso de los cables nos servirá para presentar a otro actor crucial en la experiencia tóxica de Inflamable: los abogados. Muchos habitantes están en juicio, con diferentes causas, contra la empresa Central Dock Sud, por posibles daños a la salud ocasionados por la instalación de los cables en el año 1999. Los vecinos no sólo están esperando que los trabajadores sociales vayan y lleven la muy necesaria ayuda material, que los doctores reinicien el tratamiento contra la contaminación por plomo, que los hospitales repartan medicina y que las autoridades (posiblemente) los relocalicen; sino que también están esperando que los abogados lleven novedades de las causas pendientes y que los jueces fallen a su favor. Esta espera, argumentaremos en este capítulo, es una de las maneras en que los habitantes de Inflamable experimentan la sumisión a una realidad abrumadora (y, para ellos, difícil de modificar).

Siete meses en 1999: protesta por exposición

Señor Néstor Ibarra
Programa Hoy por hoy
Radio Mitre

¿Le importa a alguien que sobreviva?

Me llamo Débora Alejandra Swistun, tengo 21 años, soy estudiante de Antropología en la Universidad Nacional de La Plata y curso Ciencias Económicas en la UBA, estudié inglés y computación y en los preciosos instantes de mi vida trato de sobrevivir junto a mi familia (tres hermanos más, mi mamá y potentados abuelos jubilados) [...] El motivo de mi carta es un último intento, un llamado de atención porque ya me cansé de golpear puertas y de ser subestimada por seudo políticos y pinchas burocráticos.

Vivo en "Villa Inflamable", ¿le dice algo? En tiempos de Alfonsín sobrevivimos a la explosión del Perito Moreno, un barco petrolero que nos hizo abandonar nuestras casas sin ayuda de nadie durante quince días. Hace unos años atrás, la instalación de la planta de coque fue rechazada mundialmente y adoptada por nuestro "país generoso" en el barrio donde vivo: Villa Inflamable. Tanques de petróleo, grasas, aceites, gases, combustibles y toda serie de productos y materias contaminantes, plantas de desechos tóxicos y material hospitalario, el cinturón ecológico que nos está acorralando y aproximadamente treinta empresas de una lista interminable. Se preguntará ud. si este "paraíso" en el que como, duermo, respiro, trato de evolucionar y ser feliz queda en Nonagasta o en algún lugar remoto en el desierto, lejos de la civilización. Le contesto: si abro los ojos lo veo en el aire, si respiro lo llevo dentro de mí y mientras estudio me acunan las explosiones del "monumento al fósforo" como le decimos con cariño a una gigantesca llama que, nos dijeron para nuestra tranquilidad desde chicos mientras esté encendida estamos a salvo.

Sería muy tedioso entrar en detalles técnicos y temo que hasta la lectura de esta carta sea contaminante, pero por si fuera poco, ahora intentan colocar "la frutilla de la torta": torres de alta tensión de 132.000 voltios.

¿Le interesa mi humilde futuro?

Quiero terminar mi carrera, quiero una vida mejor (trabajo para ello), no me resigno a ser un número más en el cajón donde duermen los reclamos de la justicia. Sé que ud. es una persona sensible, déjeme acercarme y tener una oportunidad de contar con el apoyo de su audiencia.

Desde ya gracias por haber leído mi carta.

Débora A. Swistun
Gaona 2055 Dock Sud (1871)
Avellaneda
Pcia. de Buenos Aires
Te. 4201-9594

En julio de 1999, Débora envió esta carta a un importante periodista de radio (conocido por su "sensibilidad social") con la esperanza de atraer la atención pública hacia lo que estaba sucediendo entonces en Inflamable: desde mayo de ese mismo año, un grupo de vecinos organizados alrededor de la sociedad de fomento local (Sofomeco) habían levantado una "carpa verde" y estaban bloqueando la construcción de las torres de cemento que hoy sostienen los cables de alta tensión.

La carpa verde (mayo 1999)

Los habitantes del lugar demandaban que los cables fueran instalados siguiendo una ruta distinta, que no pasara sobre sus casas, o bajo tierra, posibilidad que un ingeniero de Central Dock Sud, en una conversación privada con Débora, durante una reunión en Sofomeco en 1999, definió como un "lujo asiático". Los vecinos temían accidentes (ya fueran producidos por el intenso tráfico de camiones con productos inflamables, o porque pensaban que las torres de cemento y los cables caerían sobre sus casas) y la posible contaminación (los vecinos creían entonces y están aún hoy convencidos de que el campo electromagnético generado alrededor de los cables produce una serie de problemas de salud como dolores de cabeza y manchas en la piel, y podría tener otros efectos más graves como cáncer y defectos de nacimiento). En el mes de mayo de 1999, el barrio fue testigo del surgimiento de lo que llamamos, adaptando la noción de "ciudadanía biológica" de Adriana Petryna (2002), una protesta por exposición, esto es, una acción colectiva en la que la gente formula reclamos en conjunto sobre la base de un accidente o una enfermedad potencial.

Un estudio técnico conducido por un grupo de expertos de la universidad local, el Ente Nacional Regulador de

Electricidad (ENRE) y la empresa Central Dock Sud, en poco tiempo demostró que los cables no iban a poder ser instalados bajo tierra dada la cantidad de cañerías que atravesaban el suelo arenoso de Inflamable. Fue entonces cuando los residentes comenzaron a demandar que los cables tuvieran una nueva ruta.

Pasaron varios meses en los que hubo una elavada participación de los vecinos en la llamada "carpa verde" quienes interrumpían los intentos de comenzar las excavaciones para construir las columnas. Con este panorama y frente a la determinación de los vecinos de seguir con la protesta, representantes de Central Dock Sud recurrieron, de acuerdo a varios testimonios, a la conocida táctica de "divide y conquistarás". La primera oferta llegó a la sociedad de fomento (motor organizativo de la protesta) en la forma de 170 mil pesos para mejoras de infraestructura. Los miembros de la sociedad de fomento rechazaron la propuesta. Percibiendo el crecimiento de la protesta, el intendente, quien en ese momento estaba disputando su reelección, ofreció relocalizar a los habitantes del barrio Porst: las cuatro manzanas serían reubicadas en una manzana de Wilde. La sociedad de fomento volvió a oponerse ("quería que estas cuatro manzanas se fueran a una", recuerdan los vecinos). Un día, unos pocos residentes de El Danubio y Porst sorpresivamente recibieron ofertas ("compensaciones", fueron denominadas) por los problemas que traería la construcción de las torres. Pronto, otros comenzaron a recibir ofertas similares. En el mes de noviembre, a seis meses de comenzar la protesta, ochenta y tres familias habían aceptado sumas que iban de los 10 a los 20 mil pesos. Con excepción de siete familias, todas firmaron un acuerdo en el que se permitía comenzar con la obra. Esas siete familias fueron objeto de inmediatas amenazas y acusaciones provenientes de los vecinos que sí habían firmado el acuerdo. La razón era bastante simple: nadie iba a recibir el dinero si la protesta no cesaba, algo que finalmente ocurrió cuando, al mes siguiente, en una pelea pública que algunos vecinos aún recuerdan con vergüenza, un grupo derribó la carpa verde contra la voluntad de los pocos vecinos que no habían firmado el acuerdo. Luego de meses de negociaciones, a veces públicas, otras tantas secretas, el ENRE y la municipalidad aprobaron la instalación de los cables de alto voltaje en Inflamable.

Ochenta y tres familias recibieron la "compensación" de Central Dock Sud en tres pagos: 25% cuando comenzaron las excavaciones (esto sucedió al día siguiente que fuera derribada la carpa verde), 25% cuando se construyeron las torres, y el faltante 50% cuando se pusieron los cables. Varias de las casas fueron movidas algunos metros para hacer lugar a las torres de concreto, pero luego fueron reubicadas en su sitio original (el resultado, como puede verse en la foto de la página 162, son casas cuyos patios delanteros se topan con las columnas de alta tensión). Muchos habitantes disfrutaron del breve momento de consumo conspicuo que siguió a la construcción de las torres. Muchos aún recuerdan quién (y por qué cantidad de dinero) se compró un auto nuevo, una televisión, una computadora o una heladera.

Las siete familias que no firmaron el acuerdo llevaron su demanda a la justicia. En los años siguientes, otras familias se contactaron o, mejor dicho, fueron contactadas por varios abogados y están ahora en un juicio contra Central Dock Sud por presuntos daños (presentes y futuros) causados por los cables. Todas estas familias están a la espera; muchas, como Mirta y Daniel, tienen esperanzas. Ven el juicio como su boleto de salida de Inflamable y a sus abogados como sus salvadores.

Año 2005: los abogados

Pablo Fernández es un joven abogado. Conoció a Mirta y a su hermano cuando se presentaron como testigos de un accidente de tráfico en el que un amigo había estado involucrado. Atrajeron la atención de Pablo y su socia cuando les comentaron que "muchas familias" de su barrio "tenían molestias" y "estaban enfermas" por los cables. Daniel y Mirta recuerdan que los dos abogados visitaron el barrio y les sorprendió la poca distancia que separaba las torres de las casas. "La gente del barrio", nos dijo Pablo, "nos contó de los efectos de los cables; nosotros no sabíamos nada, a nivel técnico quiero decir. Después aprendimos". Pablo y su socia comenzaron una demanda contra "Central Dock Sud, Edesur (la compañía que utiliza y distribuye la electricidad) y sus respectivas compañías aseguradoras". Están demandando una compensación por daño presente y futuro (físico, psicológico y económico) causado por los cables de alta tensión.

Cuando le preguntamos por el estado del juicio, se levantó de su escritorio y se dirigió a un gran armario de donde sacó las varias carpetas que Central Dock Sud envió al juez en respuesta a la demanda: "Los abogados defensores pertenecen a uno de los dos estudios más importante de este país", nos dice Pablo y agrega algo que resuena en la vida cotidiana de Inflamable: "Estamos peleando contra un monstruo enorme". Este abogado dice no estar intimidado por los recursos de sus oponentes; quiere –si no es posible ganar el juicio– alcanzar un acuerdo que sea "decente para los vecinos y para nosotros". En referencia a la posibilidad de llegar a un arreglo con las compañías fuera de los tribunales, Pablo dice: "Pero nosotros no vamos a regalar a la gente porque tampoco nos queremos regalar nosotros [...] Queremos que saquen a la gente de ahí, pero que la saquen bien. No que la muevan a 40 kilómetros de ahí en un barrio que les hagan y los chicos pierdan la escuela adonde van, los lazos familiares, porque son todos de ahí de la zona. Tiene que ser una propuesta buena y decente. Queremos que los vecinos tengan una casa parecida en otro barrio. Y queremos que las compañías paguen por todo el daño que causaron".

De igual manera que los médicos en el centro de salud local, admiten no tener una formación muy profunda o sofisticada en temas de contaminación ambiental. Pablo recuerda que comenzaron a construir el caso judicial "de la nada, porque en lo que hace a derechos ambientales, nadie sabe nada.

Conseguimos un médico y estuvimos doce horas cada día en el barrio. El médico revisó a todo el mundo. Los síntomas de casi todos eran temas respiratorios. Hizo una pequeña historia clínica de cada uno para tener los antecedentes. Empezamos a investigar el tema [de los efectos de los campos electromagnéticos]". Recuerda que durante los primeros seis meses, junto a su socia y a tres asistentes, trabajaron doce horas por día, siete días a la semana; luego agrega, no sin esperanza, "si nos va bien vamos a cobrar, si no, no vamos a cobrar nada". En el transcurso de la charla menciona los títulos de algunos de los artículos que leyó para informarse sobre el tema (algunos publicados en el *American Journal of Epidemiology*), a los expertos que consultó y un caso que, similar al que están intentando formular, logró sentencia favorable en España.

Su conocimiento sobre los efectos potenciales de los campos electromagnéticos sobre la salud de la población es apenas básico:

> Empezamos a saber cuáles eran los campos magnéticos que toleraba el cuerpo y cuáles no. En base a todos estos estudios científicos [...] no pueden asegurar que los campos hacen mal a la salud, pero tampoco pueden asegurar que no hagan nada a la salud [...] Lo que terminás sabiendo es que le haga daño o no, está la posibilidad de que le haga daño y que incida en la población. Y todo esto se incrementa en esta zona por las refinerías que hay enfrente [...] una médica nos dijo que los efectos del campo se potencian por un tema de alimentación, de las condiciones de vida.

Luego agrega, sin mucha evidencia empírica, que "la incidencia de distintos tipos de cáncer aumenta entre la gente expuesta a los campos electromagnéticos". Hacia el final de nuestra conversación admite no conocer en detalle los efectos concretos de los campos electromagnéticos y, en una afirmación que los habitantes de Inflamable encontrarían bastante plausible (y que se asemeja a la lógica utilizada por los doctores del centro de salud), concluye: "Pero algo, no sé qué, pero algo hacen los cables estos. Porque evidentemente un campo magnético generan. Yo científicamente no sé bien qué es, pero yo sé que algo generan. No sé el daño a la salud que le pueden hacer".

Esperando

El siguiente diálogo con García e Irma, anteriormente presentados y antiguos habitantes del barrio, ilustra la larga, impotente e incierta espera de los vecinos de Inflamable:

García —Y ahora hay que esperar a que nos echen los de la Shell o alguno, los de la municipalidad, no sé quién nos va a echar.
Débora —Que nos echen a...
Irma —A nosotros...
García —A nosotros, que nos paguen y nos vamos.
Débora —¿Y vos pensás que nos van a pagar?
García —No. ¿Sabés? Desde 1982 que se corre la bolilla que nos iban a echar a todos [...] [los de la Shell] pensaban que iban a sacar la villa del frente y sacaron un poco y lo que los paró a ellos son los de adelante, los de adelante son todos propietarios como nosotros. Propietarios. Si no, los sacaban a todos y hacían el obraje. El obraje lo sacaban de ahí adentro si todos los contratistas venían y les hacían galpones y no pudieron hacerlo porque los de adelante les pedían mucha guita y por eso no salió ninguno y a lo último se empezó a agrandar para adentro.

Las experiencias cotidianas de los vecinos están permeadas por esta espera –como vimos en el capítulo anterior–; desde que viven aquí han estado escuchando rumores sobre una inminente erradicación. Los abogados y los juicios suman otra dimensión más positiva, pero igualmente desgastante, a este tiempo de espera.

Como detallamos en capítulos anteriores, muchos vecinos no están seguros sobre los efectos de la contaminación. Cuando es el turno de los cables, sin embargo, ellos escuchan algo distinto de lo que dicen abogados como Pablo. En las numerosas ocasiones que hablamos con los vecinos sobre los cables, éstos afirmaron que "nuestros abogados nos dijeron que los cables son muy peligrosos". Cuando tuvieron la oportunidad de retratar lo que no les gusta del barrio, los estudiantes de la escuela local apuntaron sus cámaras fotográficas hacia los cables y los señalaron como la causa de sus enfermedades y las de sus vecinos: "Esos cables traen cáncer", nos dijeron. Los cables, Mirta y muchos otros acuerdan, "nos están enfermando". Silvia, otra habitante que vive en el barrio hace más de dos décadas, lo expone de la siguiente manera:

> Bueno, yo creo que no tengo nada, pienso. Yo nunca sufrí de dolor de cabeza, nunca, nunca, nunca con los años que tengo. Tengo 43 años, pero desde que pusieron estos cables me duele la cabeza, me cambió totalmente, a mí me cambió totalmente.

Belisario, otro viejo habitante, tiene también una comprensión corporal de los efectos de los cables. Nos cuenta que:

> Al principio me parecía que algo, un poco me [afectaba], cómo te puedo decir, yo me sentía un poco [mareado], porque lo que ataca es el cerebro, que es una computadora electrónica, lo que revienta es el cerebro. Yo en un tiempo sentí que estaba medio pesado, un poco de mareo y yo me estudiaba. Si hubiera amanecido en curda, pero yo no tomaba. ¿Qué pasó? Presión alta, pero de golpe, y yo le saqué la cuenta y dije "esta porquería seguro que me está trabajando". A lo último yo saqué la cuenta que era esta porquería. No le decía nada a mi gente porque no me gusta hacer preocupación a nadie, pero yo a veces (veo que) hay personas que se enferman y nunca les pasó nada.

Como vimos antes, las incertidumbres, los errores y el desconocimiento están bastante generalizados en relación a la contaminación del aire, el agua y la tierra, generada desde el polo petroquímico. En el caso de los cables, los vecinos se aproximan a un punto de vista más compartido respecto de sus efectos perjudiciales. Además de su imponente presencia física, la razón, creemos, es doble: en primer lugar, a diferencia del largo período de incubación de la contaminación originada en el polo, los cables fueron abruptamente impuestos sobre la población. En segundo lugar, los cables generaron protestas y numerosas causas judiciales que tuvieron (y aún tienen) un impacto muy importante en las representaciones colectivas de los vecinos. En la imaginación colectiva, los cables de alto voltaje representan un peligro (tanto por riesgo de contaminación como de accidente) y una esperanza (la de ganar un juicio). Algunos de ellos, como Mirta, tienen sus mejores esperanzas depositadas en abogados como Pablo y su socia: "Gracias a Dios tenemos estos abogados". Un juicio favorable es visto como una de las pocas (sino la única) salidas del barrio.

Sin embargo, las incertidumbres son difíciles de eliminar: resurgen cuando se habla de los abogados y de las causas judiciales. Refiriéndose al juicio contra Central Dock Sud que lo tiene a él y a varios de sus vecinos como litigantes, Belisario dice: "Veremos qué pasa, para serte honesto, no sé qué tan lejos vamos a llegar con el juicio. Pero alguna solución vamos a conseguir [...] La abogada vino esta semana (diciembre de 2005). Si no vuelve, yo la voy a llamar". El diálogo que se dio a continuación refleja la espera de Belisario, un tiempo mezclado de esperanzas y sospechas:

Débora —Y a los abogados siempre hay que andarles atrás, eso es así.
Belisario —Sí, sí, hay que andarles atrás.
Débora —Hay que llamarlos, decirles cómo van las cosas. No hay que quedarse, uno les tiene que estar encima.
Belisario —Sí. Pero escuchame, esta abogada, es una mujer, ella tiene que mover porque si no, no cobra nada.
Débora —También, pero también tiene que ver que ustedes están ahí, atrás, interesados en que salgan las cosas, porque si usted deja algo en las manos de alguien y la persona

no ve que usted tiene interés, por más de que esa persona tenga un cierto beneficio...
Belisario —Hay otra cosa, Débora. ¿Y si por debajo del mostrador?
Débora —Y, pero, ¿ustedes confían en ella?
Belisario —Pero ella no me va publicar que le aceptó...

El juzgado "decide"

Durante los dos años y medio de nuestro trabajo de campo, los vecinos de Inflamable, con buenas y malas expectativas, han estado esperando noticias sobre la causa judicial y sobre la siempre perentoria relocalización. Vivieron sus vidas, organizaron sus rutinas cotidianas y siguieron estableciendo raíces en este lugar envenenado; todo continuaba mientras esperaban que algo cambiase en poco tiempo. Las noticias llegaron, en la forma de una decisión judicial, en julio del año 2006. Lo que sigue es una versión resumida de las notas de campo que tomamos durante las últimas dos semanas de ese mes. La conmoción inicial que el fallo judicial generó fue pronto reemplazada por las siempre presentes dudas e incertidumbres. Decidimos presentar estas notas (escasamente revisadas) porque dan cuenta del proceso por el cual los vecinos (y, en cierta medida, nosotros mismos) son confundidos por una plétora de mensajes e intervenciones contradictorias.

Notas de campo de Javier

12 y 26 de julio de 2006

Hoy, apenas llegué a la casa de Débora, ella me contó que la abogada (Dra. Carrillo, socia del Dr. Fernández) vino ayer a reunirse con Mirta y otros vecinos. De acuerdo a Mirta, la abogada les dijo que en tres o cuatro meses todos tienen que dejar la zona (las veinte casas que están debajo de los cables). La abogada les dijo que se había llegado a un arreglo con las compañías y que éstas iban a dar el dinero para que los vecinos se pudieran ir. Por medio de Belisario, quien vive en la zona, nos enteramos de que la socia de Pablo Fernández, la Doctora Carrillo, fue quien vino ayer al barrio a traerle la noticia a todas las familias que son parte de la causa Central Dock Sud. Mirta no está en su casa, pero encontramos a María Soto (cuya hija está con elevados niveles de plomo en sangre [véase capítulo 3]. Ella estuvo en la reunión con la abogada. Nos dice que la doctora les mostró "un papel firmado por los tres jueces, las compañías nos van a pagar para que nos vayamos. En tres o cuatro meses nos tenemos que ir". No sabe cuánto dinero recibirán. Pero repite: "Nos tenemos que ir en tres o cuatro meses. Nos van a dar la plata y nos vamos". Le preguntamos cuánto dinero espera y duda: "Espero que nos paguen, así nos podemos ir, esperemos lo mejor. Las compañías quieren este terreno para hacer un estacionamiento" (y no tiene mucho sentido que le digamos que al lado de su propiedad hay una gran extensión de tierra sin ocupar que podría ser utilizada para tal fin). Cuando hablamos de la causa judicial, María oscila entre el daño producido por el plomo y los presumibles efectos de los campos electromagnéticos generados alrededor del cable. No conoce los detalles del fallo judicial, pero cree que todo se debe a los cables, e inmediatamente agrega: "Y a todo esto del plomo".

Luego de intentar varias veces conversar con la doctora Carrillo, logro que me atienda el teléfono. Me dice que el juzgado ha dictado una medida cautelar para que cese la "electro-polución" en el barrio. Le pregunto sobre los tiempos que contempla la medida (los "tres o cuatro meses" de los que hablan los vecinos) y me dice que no hay nada decidido aún. Le pregunto quién va a pagar la relocalización. No sabe. En la causa, me dice, "yo incluí todo: el plomo, los cables, todo; yo metí todo junto". ¡Cómo no van a estar confudidos los vecinos! "La causa es por daño presente y futuro pero es casi imposible sacarles plata a las aseguradoras". Un tanto perplejo (porque ahora sí que no entiendo por qué tanta agitación de los vecinos) le pregunto que ha de suceder con los vecinos: "¿Cuándo se tienen que mudar? ¿Qué les va a pasar?". Su respuesta ilumina la interacción de intereses, en la que el futuro de los habitantes del lugar no es lo que principalmente está en juego: "yo no soy María Teresa de Calcuta ni Chiche Duhalde". Lo que ella quiere es una compensación monetaria por el daño creado por la contaminación; si los habitantes consiguen dinero (la cantidad que sea) ella recibirá su parte, "y con eso vivo, hasta ahora mal no me fue". Admite que "probar" en un juzgado el daño causado por los campos electromagnéticos es una tarea muy difícil. Espera, así como su socio Pablo Fernández cuando lo entrevistamos hace un año, llegar a un arreglo que beneficie económicamente a ella, a su estudio y a los vecinos.

Débora consiguió una copia del fallo por medio de Eugenio (el vicepresidente de la sociedad de fomento quien también tiene una causa judicial abierta contra Central Dock Sud). Leemos el texto para saber si los jueces han fallado a favor de los vecinos y para intentar entender de dónde proviene la desinformación. Es un documento de once páginas (expte. n.7391/04 "Alarcón, Francisco y Otros c/Central Dock Sud S.A. y Otros s/Daños y Perjuicios. Cese de contaminación y perturbación ambiental") repleto de detalles técnicos y lenguaje jurídico en el que la medida cautelar solicitada por los litigantes –cese inmediato del uso de los cables de alta tensión– es, en realidad, denegada. Los tres jueces le ordenan a las compañías que "en los próximos 120 días" tomen medidas para prevenir los posibles daños causados por la electro-polución. Los jueces solicitan a los litigantes que "lleguen a un acuerdo" que puede incluir la relocalización hacia un lugar al que los residentes acuerden ir. El plazo de 120 días es para que las compañías presenten al juzgado un "informe detallado" de los resultados obtenidos.

En otras palabras, lo que decidieron los jueces difiere de manera notoria de lo que los vecinos escucharon de parte de la abogada. En cuatro meses, Mirta, María Soto y su hija envenenada y el resto de los vecinos aún estarán viviendo aquí (quizás con algo más de dinero en sus bolsillos, nunca lo suficiente para comprar una casa en otro lugar). Pero... quizás me equivoque. Por ahí esta vez sí, por ahí los vecinos obtienen el dinero para comprarse algo.

Durante el almuerzo, Elsa (la mamá de Débora) me preguntó: "¿Pensás que esta vez va a pasar algo? ¿O va a ser como dije el otro día cuando estaba hablando como una vieja diciendo que estaban a punto de erradicarnos? ¿Qué pensás vos?". Y no supe qué decirle. Parte de mí sabe/cree que sin los esfuerzos colectivos de los afectados, nada ha de ocurrir. Otra parte de mí tiene la esperanza de que esta vez algo bueno suceda (compensación por el daño, relocalización). Creo que estoy comenzando a compartir sus (¿no fundamentadas?) expectativas. Pero... ¿y si esta vez sí?

Cómo funciona la sumisión

Si decidimos mantener esta larga nota de campo en su estado original no es sólo porque describe la acción en tiempo y espacio real (como muchas de las que incluimos a lo largo de este libro), sino porque también da una buena idea de cómo se desarrollan la confusión y las dudas (las de los vecinos y, en forma creciente, las nuestras). Al comienzo, aumentan las esperanzas: cada vecino con el que nos encontramos durante los dos o tres primeros días que siguen a la visita de la abogada está hablando sobre la relocalización y las posibles sumas de dinero ("¿Serán 30 o 50 mil pesos?". "¡Yo no me voy por menos de 20 mil!". "¿Y si pedimos 80 mil?"). Como nos dice María: "vamos a tener que empezar a mirar casas para comprar". Dos semanas más tarde, la incertidumbre y la desorientación (sobre lo que en realidad dictaminaron los jueces, sobre lo que está verdaderamente intentando conseguir la abogada, etc.) comienzan a sedimentar. A pesar de que nuestro trabajo de campo comenzó en esta misma zona hace dos años y medio cuando los vecinos estaban diciendo que en los próximos tres meses tendrían que abandonar el lugar, y que sabemos que una "inminente relocalización" es parte de la vida en Inflamable, nosotros mismos comenzamos a compartir la esperanza de los vecinos. ¿Y si esta vez esta abogada lo logra (el "lo" es aquí una indefinida combinación de indemnización y relocalización)? ¿No deberíamos esperar, nosotros también, antes de publicar este libro para saber qué sucede?

Pase lo que pase con los vecinos que viven bajo los cables de alta tensión, con los que viven en la parte más antigua de Inflamable (los dueños de esa tierra sarcásticamente llamada "área premium"), o con quienes habitan en la parte más nueva del barrio (sector que, según informan las autoridades municipales hacia finales del año 2006, será relocalizado en los próximos dos años) –y sin desmerecer la relevancia de estos potenciales acontecimientos– creemos que lo que es aún más importante, en términos socioantropológicos, es lo que todo este proceso nos dice sobre las maneras en que funciona la dominación y cómo ésta es experimentada por los dominados. Opera mediante el sometimiento al poder de los otros (abogados, jueces, funcionarios) y es experimentada como un tiempo de espera: esperando (en una permanente y rápida sucesión de esperanza y desaliento) que otros tomen decisiones sobre sus vidas y se rindan, en efecto, a la autoridad de los otros. Cierto es que, como sujetos en condiciones de pobreza, desempleo, y como habitantes de una zona altamente contaminada, son agentes que carecen de poder por la posición estructural que ocupan. Pero en el pasado, durante esos meses de protesta por exposición que describimos más arriba, fueron testigos de su propio poder colectivo. Y también se dieron cuenta de que ese "monstruo" es muy poderoso y que la acción colectiva tiene sus dificultades inherentes. Como Débora (ella misma era una activista en esos días de protesta) se pregunta en sus notas de campo luego de una reunión a la que asistió junto a otros vecinos para conversar sobre una posible relocalización: "¿Qué pasa si nos organizamos, si actuamos en conjunto, y luego la gente termina arreglando por su cuenta, como pasó cuando peleamos contra los cables?"

La relocalización y la compensación por todos los daños físicos, psicológicos y económicos creados por la contaminación ambiental (por todo el sufrimiento) son, sin duda, esenciales. Si

María Rosa (y todos los chicos que comparten su frágil condición) se muda a otra zona, donde pueda jugar en una tierra que no esté contaminada, tomar agua potable y respirar aire puro, y si su familia (y las tantas otras familias) recibe el dinero necesario para comenzar un tratamiento contra la intoxicación por plomo, sus vidas mejorarán de manera sustancial. Como ciudadanos (y uno de nosotros, como vecino), ambos creemos que la relocalización y la compensación harán una diferencia crucial en la vida de los vecinos. Y tenemos la esperanza de que sucedan pronto. Como analistas, hay algo diferente en juego: creemos que, sean o no relocalizados, sean o no compensados, esto no hace mucha diferencia en la manera en que funciona la sumisión. Esencialmente, los habitantes de Inflamable –con las especificidades del caso– comparten el destino de otros grupos dominados. Están condenados a vivir un tiempo orientado hacia otros, un tiempo alienado; obligados, como Pierre Bourdieu escribe de manera elocuente (2000, pág. 237), a "esperar a que todo provenga de otros". En Inflamable, esta espera dominada adquiere una forma exagerada y hemos estado notando todos los comportamientos y las opiniones que dan cuenta de este ejercicio de poder: las citas con los abogados son constantemente pospuestas, los exámenes de sangre para medir niveles de plomo son rutinariamente cancelados, sus esperanzas son falsamente acrecentadas. Mientras tanto, ellas y ellos esperan –un nuevo plan de relocalización, un nuevo abogado, una sentencia, un nuevo examen–. Y, mientras esperan, sus dudas sobre lo que otros presumiblemente están haciendo por ellos también crecen. Estas dudas se transforman en dudas sobre sí mismos, sobre su propio poder (tanto individual como colectivo). Como escuchamos infinita cantidad de veces en estos dos años y medio: "No se puede pelear contra ese monstruo". "¿Y qué pasa si nos organizamos y después todos se terminan vendiendo?".

Irse o quedarse

Al comenzar nuestro trabajo de campo en mayo de 2004, leímos en los diarios nacionales que vecinos de Villa Inflamable habían ocupado tierras fiscales en Avellaneda. Las noticias informaban que ciento cincuenta familias habían organizado un asentamiento a los efectos de forzar a las autoridades a que "nos dieran tierras para irnos de Villa Inflamable".[5] "Estamos rodeados de contaminación", decían los vecinos a los periodistas, "tenemos el Riachuelo de un lado, un canal que trae desechos industriales del polo petroquímico del otro y una red de cañerías que llevan químicos abajo. Estamos parados sobre una bomba de tiempo". En su momento pensamos que teníamos un experimento natural frente a nosotros: sobre terrenos contaminados, algunas familias se organizaban para salir del barrio mientras que otras se quedaban. Intrigados como estábamos por las experiencias de la contaminación, pensamos que este experimento nos iba a permitir sumar la dimensión de "acción colectiva" a nuestra investigación: ¿Por qué algunos vecinos se organizan contra el asalto tóxico y demandan relocalización, mientras otros, la mayoría, se queda en el lugar aparentemente sin expresar sus quejas?

Las noticias eran notoriamente falaces. Engañaban respecto de la cantidad de familias que vivían en el barrio (y las movilizadas en el nuevo asentamiento) y del nombre del barrio (*Crónica*, por ejemplo, hablaba de Villa Emplomada).[6] Pero más relevante para nuestro caso fue que las noticias desinformaban porque retrataban la toma de tierras como el resultado de una acción colectiva de los vecinos de Inflamable. Según pudimos aprender semanas más tarde, está acción fue organizada por algunos sectores de militantes de izquierda para lograr concesiones (tierras, entre otras cosas) del gobierno municipal. Entre los participantes, había sólo

---

5. "Los vecinos que tomaron un predio para escapar de la contaminación", *Página 12*, 27 de mayo de 2004)
6. 27 de mayo, 2004, s./ref.

un puñado de vecinos y ex vecinos de Inflamable. A pesar del fallido experimento natural, la preocupación general sobre la acción colectiva (o su ausencia) quedó en nosotros: ¿Por qué, nos preguntamos frecuentemente, los vecinos no se manifiestan colectivamente sobre su situación? Con excepción del "caso de los cables" y una escasa oposición vecinal a la planta procesadora de carbón de coque en 1995, no ha habido mucha protesta contra la contaminación. ¿Cuál es la causa?

Esta preocupación general atravesó buena parte de nuestra investigación sobre la producción social de las experiencias de la contaminación. Resurgió como un foco de atención específica hacia el final de nuestro trabajo de campo cuando anuncios oficiales sobre la erradicación/relocalización y la presencia/ausencia de los abogados se volvió parte de las conversaciones cotidianas entre los vecinos. ¿Qué harían los vecinos si la municipalidad esta vez intenta llevar a cabo la promesa de relocalización?

En junio de 2006, la Corte Suprema de Justicia de la Nación ordenó que los distintos niveles de gobierno (nacional, provincia de Buenos Aires y municipalidad) presentasen un plan de limpieza del Riachuelo. Como describimos en el capítulo 1, Villa Inflamable está ubicada en la boca de esta "cloaca a cielo abierto". La Corte Suprema ordenó que cuarenta y cuatro empresas (entre ellas Shell, Petrobras y Central Dock Sud) informaran sobre sus programas de tratamiento de residuos. La Corte Suprema respondía así a una demanda presentada por varios abogados en representación de ciento cuarenta vecinos de Dock Sud (entre ellos, muchos de Inflamable). Los abogados también solicitaban la creación de un fondo de compensación para las "víctimas de la contaminación" quienes, de acuerdo al texto de la demanda, sufrían envenenamiento con plomo, malformaciones congénitas y abortos espontáneos.[7] Si bien la Corte Suprema ordenó a las compañías y a los gobiernos que presentaran planes y reportes, no produjo sentencia

---

7. Véase la entrevista con uno de los abogados de la "megacausa", Santiago Kaplun, en www.lavaca.org (se accedió el 15 de julio de 2006). La nota se titula "La rebelión de los contaminados".

en relación a la creación del fondo de compensación lo cual, según estableció la Corte, es materia de jueces de primera instancia.

María del Carmen Brite es una de las litigantes en la causa que llegó a los estrados de la Corte Suprema. Desde que en Inflamable la contaminación surgió como un tema a ser considerado, ella ha sido una prominente voz contra sus efectos perjudiciales en los niños y niñas del barrio (los suyos incluidos). El 1º de enero del año 2002, una nota titulada "A treinta cuadras del obelisco, una zona con raros olores químicos" fue la primera en describir el padecimiento de María del Carmen:

> La casa de María del Carmen está ubicada en medio del polo petroquímico. Nos muestra las radiografías de los pulmones dañados de su hija, Camila, quien tiene 4 años. Camila tiene serios problemas respiratorios. Su historia clínica indica sufrimiento fetal debido a la inhalación de ácido. Y su hermano, Emir, tiene sus piernas marcadas por manchas enormes y oscuras.[8]

Cuatro años más tarde, este mismo periódico, en una nota titulada "La vida en el Riachuelo: 'nos estamos muriendo de a poco' ", retrata a la familia Brite aún viviendo en Inflamable: "Esto es sólo una alergia", dice María del Carmen refiriéndose a Emir (ahora de 10 años), "pero no sabemos lo que tiene adentro". En una conversación anterior a la nota periodística de 2004, nos había dicho que "Emir está lleno de granos, no puede usar pantalones cortos. Parece un sarnoso. No lo puedo llevar a la pileta porque no lo dejan entrar". Refieriéndose a la reciente orden de la Suprema Corte, María del Carmen le dice a los periodistas de *Clarín*: "No queremos plata. Sólo queremos que nos paguen los tratamientos. Nos estamos muriendo de a poco".

Si bien muchos vecinos del barrio reconocen que María del Carmen es una persona activa, desafiante y firme, no todos están de acuerdo con sus afirmaciones en lo que hace a

---

8. *Clarín*, 1º de enero, 2002 s./ref.

las posibles soluciones. En la medida en que, junto a la creciente presencia de abogados, aumentaban las conversaciones sobre posibles relocalizaciones, también se acrecentaban los desacuerdos sobre qué demandar y a quién. En una reunión en la sociedad de fomento, los vecinos del barrio Porst acordaron que no querían ser parte del programa estatal de vivienda que parecía estar a punto de empezar (el gobierno municipal anunció a mediados de 2006 su intención de relocalizar a trescientas familias a un nuevo complejo habitacional). Los vecinos reunidos en la sociedad de fomento no se pusieron de acuerdo, sin embargo, en qué es lo que querían reclamar y quién sería el destinatario de esos reclamos (y es obvio, ya que las dudas dominan no sólo respecto de la extensión y efectos de la contaminación sino, como ya describimos, respecto de quién tiene jurisdicción en el barrio, a quién o cómo se ejecutará la relocalización, etcétera). "La municipalidad debería darnos 80 mil dólares para comprarnos una casa", "Shell debería comprarnos las casas, tienen plata", "Tenemos que pedirle plata a Shell para poder comprarnos la casa en otro lugar", "Con el juicio vamos a conseguir la plata que necesitemos para comprarnos algo". Éstas fueron algunas de las expresiones que escuchamos en varias de las reuniones formales e informales. También los escuchamos decir que, a diferencia de los que viven en "el bajo" o "la villa", ellos son propietarios del terreno y de la casa, y que éstos valen una importante suma de dinero. Parafraseando al *Manifiesto comunista*, podríamos decir que muchos de los vecinos más antiguos, lejos de percibir que no tienen nada que perder salvo sus (envenenadas) cadenas, piensan que demandar la relocalización puede resultar en la destrucción de la única posesión que tienen: la propiedad de sus casas. En las muchas conversaciones que tuvimos con ellos –y en sus afirmaciones en las reuniones de la sociedad de fomento– tuvimos la sensación de que, en realidad, no saben, no están seguros si quieren mudarse o no. Cierto es; ésa es nuestra interpretación. No lo llegan a expresar así. Sin embargo, los muchos "peros" que manifiestan cada vez que se discute el tema de la relocalización (las muchas condiciones que establecen para considerarla) nos conducen a pensar que muchos de los antiguos habitantes quieren, por su larga historia en el lugar, permanecer aquí. Como Débora escribió en su diario al salir de una de esas reuniones de la sociedad de fomento: "Esta reunión fue muy frustrante. A veces no sé si en realidad se quieren ir o no".

Sea como fuere, una cuestión es clara: todas las esperanzas están depositadas en lo que los diferentes niveles del Estado, Shell u otras compañías, los abogados o los jueces harán por ellos, no en lo que ellos pueden lograr colectivamente. Es significativo señalar que muchas de las reuniones a las que asistimos terminaron con los vecinos llegando a un acuerdo para "pedirle una reunión" al intendente, al personal de Shell, al secretario de obras públicas, etcétera. La acción colectiva, sea o no en su variante más beligerante, no fue discutida como una posibilidad durante el tiempo en que las noticias del fallo de la corte y los rumores sobre la inminente relocalización circulaban con gran velocidad. Si bien desafiantes, vecinos como María del Carmen y otros de la sociedad de fomento parecen ver a otros, no a ellos mismos, como motores del cambio. La suya es una esperanzada sumisión no sólo a condiciones ambientales degradadas sino también a la acción de los otros.

Desconfianza colectiva de la acción en conjunto

No queremos dejar la impresión de que los vecinos en Inflamable están en un perpetuo estado de pasividad. Durante el transcurso de nuestro trabajo de campo, rumores sobre una futura erradicación o una pronta relocalización generaron muchas reuniones en la sociedad de fomento local. Las muchas horas que uno de nosotros pasó en esos encuentros desmienten cualquier afirmación sobre inacción colectiva. En lo que sigue presentamos una breve descripción de una de esas reuniones (distinta a la referida en la sección anterior). El curso de la reunión, lo que se dice y lo que no se dice, condensa lo que creemos es un tono general en los recurrentes intentos por organizar y movilizar a los vecinos llevados a cabo por unos pocos miembros de la sociedad de fomento: es sumamente dificultoso llegar a un acuerdo en relación con lo que se quiere lograr y su falta de confianza en su propia agencia colectiva se hace evidente. El desacuerdo y la desconfianza en su eficacia colectiva se alimentan y refuerzan entre sí.

Eugenio, vicepresidente de la sociedad de fomento, es miembro del pequeño pero muy activo Partido Socialista. En abril del año 2006, convocó a un grupo de vecinos a una reunión en su casa. Les informó que recientemente había estado con los representantes de su partido en el Congreso Nacional (un senador y un diputado) y les había informado la situación en Inflamable. Los legisladores le dijeron, cuenta Eugenio, que: "Debemos presentar una propuesta y ellos van a pelearla. Porque hay fondos, hay plata, me dijeron que nos tenemos que unir y aprender a luchar juntos". Eugenio les dice a los seis vecinos presentes en la reunión que está convencido de que "si ellos [los legisladores del partido socialista] tienen un petitorio firmado por los vecinos, se hace, porque plata hay, necesitamos pedir por la relocalización en lugar habitable, pero no todo es igual porque acá hay propietarios, vecinos viejos. Hay otros que hace 10 años o menos que están". Algunos de los presentes quieren conversar sobre el tema de la futura ubicación de sus casas. Eugenio dice que tienen que pedir por las mismas "comodidades" que tienen aquí en Inflamable. También dice que se tiene que requerir un "resarcimiento" pero que eso "lo manejan los abogados" y que "no nos olvidemos de que acá hay propietarios y otros que no lo son". Si bien él mismo no es claro en relación a qué deben incluir en el petitorio (relocalización a un complejo habitacional, relocalización a casas elegidas por los vecinos, una suma de dinero para que los vecinos escojan dónde mudarse), insiste en que hay que "llegar a un acuerdo, porque ésta es una gran oportunidad, tenemos quien nos apoye para sacar esto". Eugenio no menciona un hecho para nosotros obvio: este apoyo es marginal (el partido socialista tiene un pequeño número de representantes en ambas cámaras del Congreso), pero parece entusiasmado con la idea de "escribir un petitorio, que lo firmen los vecinos" y "enviar el proyecto". Walter, que vive frente a la entrada de la refinería de Shell, interrumpe diciendo que recientemente se enteró de que Shell estaba comprando tierras en el barrio: "están comprando terrenos, invadiendo el barrio". La reunión gira entonces rápidamente hacia otro tema; los vecinos comienzan a conversar sobre qué piensan que Shell está planeando hacer en el barrio. "Van a hacer otra planta de gasoil", dice Walter. "Quieren hacer un estacionamiento, para dos mil camiones", asegura Susana. "Quieren hacer otra dársena para barcos más grandes", Eugenio dice haber escuchado de otros vecinos. Walter entonces afirma:

> Nos quieren sacar pero que nos vayamos nosotros, no que la planta te pague a vos. Acá hay una jugada, acá se viene algo. Yo no me pienso ir; me querría ir con toda mi familia, porque los pibes son los que toman todo esto. Pero hay que ponerse firme.

Eugenio responde que "Si hay plata, yo hago negocio". Y Susana agrega: "Si hay plata, nos vamos todos". La conversación pasa luego a concentrarse en la cantidad de dinero que aceptarían para mudarse: las sumas oscilan entre los 25 y los 80 mil dólares. Eugenio dice: "Tenemos que hacer algo. Porque acá nos estamos muriendo con la contaminación. Tienen que hacer algo. Tenemos que hacer un proyecto". Los vecinos presentes comienzan a hablar sobre el lugar a donde se mudarían "con la plata que nos den". Algunos dicen que se irían a la provincia de donde vinieron hace ya muchos años, otros que se mudarían cerca "porque acá hay trabajo". La reunión termina con Eugenio pidiendo a los asistentes que inviten a sus vecinos para que asistan a la próxima reunión, así "podemos ver lo que quieren y escribir un petitorio".

Esta reunión de dos horas fue luego seguida de otras reuniones (bastante similares en contenido y secuencia). Quienes asisten acuerdan que la contaminación es un problema, pero están en desacuerdo sobre qué hacer al respecto. El principal desacuerdo podría formularse de la siguiente manera: ¿Deben pedir la relocalización o dinero para comprarse casas donde ellos escojan? Si piden por una relocalización, ¿tendrán los propietarios que convivir con los villeros? Si solicitan dinero, ¿cuánto aceptarían para mudarse? Estas reuniones también se caracterizan por otros dos elementos: a) los participantes van (como en el caso de la reunión que acabamos de describir) desde lo que les gustaría que sucediese hacia lo que piensan que las compañías del polo están (secretamente) planeando hacer con ellos y b) casi nunca abordan el tema de la compensación por daños (pasados y presentes) a la salud producidos por la contaminación como un tema a ser tratado de manera coordinada y colectiva (sí lo hacen cuando hablan de sus abogados). En una sóla ocasión escuchamos a Juan Carlos decir: "No es cuestión de hacer las valijas e irse. Primero tenemos que saber qué tenemos en el cuerpo".

Las dudas que los vecinos participantes de estas reuniones tienen sobre su propia capacidad y eficacia colectiva se manifiestan tanto en la cantidad de tiempo que dedican a hablar sobre lo que creen que compañías como Shell y Petrobras están planeando (hablar largamente sobre los poderosos parece ser una manera de expresar sus debilidades) como en los acuerdos a los que usualmente llegan al terminar estas reuniones: solicitar una reunión con este o aquel funcionario o con el "representante de Shell" en el barrio para obtener más información sobre lo que se está haciendo para resolver los problemas. Pedir audiencias con los funcionarios o con personal del polo es la única *performance* disponible en el *repertorio de acción colectiva*; reclamar conjuntamente compensación por los daños a su salud causados por la contaminación no es parte del repertorio discursivo colectivo.[9] Los vecinos terminan así confiando en que los actores responsables de su sufrimiento serán los proveedores de las soluciones.

---

9. Sobre los repertorios de acción colectiva, véase Tilly (1986); sobre los repertorios discursivos, véase Steinberg (1999).

Yo vivo acá desde el año 1955. Crecí acá. Acá fui a la escuela, me casé, acá tuve a mis hijos. La gente que vive en estas cuatro manzanas (barrio Porst) nació acá. Nuestros padres murieron acá y nos dejaron acá. Para mí, no es fácil irse. Hace años se habla de la erradicación. Nunca pasó nada. Una vez hablé con alguien de Shell porque se estaba corriendo la bolilla de que estaban por erradicar. Y él me dijo: "No, no se preocupe, ustedes se pueden quedar. Nadie los va a mover. Necesitamos terrenos, pero muchos, no esas cuatro manzanas. Nos estamos expandiendo hacia el río."

Marga, Presidenta de la Sociedad de Fomento

"Por ahí, lo que no pasó en cien años, pasa en un segundo", dice Elsa, la mamá de Débora, cuando estamos terminando uno de sus exquisitos almuerzos. Se está refiriendo a la posibilidad de relocalización anunciada por un funcionario municipal (noticia que leímos juntos en un periódico de circulación nacional). Ese "por ahí" encierra cierta esperanza. También connota la (des)confianza en la capacidad de acción colectiva que caracteriza a Inflamable: si algo sucede –significa ese "por ahí"– será debido a la decisión de algún otro, no por a la voluntad y acción de los vecinos.

La triste verdad

Cuando se enfermó gravemente el abuelo de Débora, Antonio Fioravanti, muchos de sus viejos amigos fueron a visitarlo. Damián Siri estaba entre ellos. Débora pasó horas cebándole mate y hablando con él sobre la historia y el presente de Villa Inflamable. Vivió ahí entre los años 1950 y 2002, cuando se mudó a Florencio Varela (a sólo 25 minutos en auto). Conoce la historia del barrio en detalle. Decidimos presentar esta versión resumida de la larga conversación porque, por un lado, Siri articula claramente algunas de las visiones y evaluaciones compartidas por más de un antiguo habitante de la zona. Siri, por ejemplo, vincula la contaminación con la corrupción estatal, ve los cambios en el barrio como producto de una combinación entre creciente degradación ambiental y violencia interpersonal cuya fuente es la villa cercana y confunde (tanto como los abogados) la toxicidad proveniente del plomo con aquella proveniente de los cables de alta tensión. Siri, a su vez, ilustra algunas de las teorías nativas sobre la polución que los residentes sostienen y reproducen. Por otra parte, no está de acuerdo con algunas de las percepciones de sus vecinos. El petróleo es visto aquí como algo benigno e YPF (Yacimientos Petrolíferos Fiscales) es percibida como una "buena madre" y, en una evaluación que coincide con aquella que otros tienen sobre Shell, "la mejor compañía del mundo". Como dijimos al inicio del capítulo 3, decidimos presentar el punto de vista de Siri no para poner en duda los otros puntos de vista sino porque claramente expresa los desacuerdos existentes. Esta larga entrevista, por otra parte, terminó con una seria advertencia hacia uno de nosotros, que pronto se convertiría en una triste premonición. Para guiar hacia los temas más relevantes de la historia de Siri, incluimos títulos extraídos de algunas frases de la entrevista:

"Acá era muy tranquilo"

—Acá era muy tranquilo, vos podías dormir con la puerta abierta. Es muy importante lo que te digo ahora: vos podías dejar la bicicleta ahí, inclusive olvidada y nadie te la tocaba. Acá la gente en verano iba caminando [a la costa] porque había unos cuantos colectivos, pero no daban abasto. Había recreos, había arboleda ahí. Vos podías quedarte todo el día y prender fuego, hacer tu asado, comer ahí. La costa nuestra no le envidia a nadie, lo que pasa es que ahora está contaminada […] Yo me acuerdo cuando era chico que había cangrejos en la costa, yo iba con la pava y [el agua] de los charcos estaba cristalina, era del color de la arena […] Acá podías bañarte, tomar agua, los pescados eran más ricos que los que comprás en los supermercados y había de todo: ranas, ostras, de todo, acá era una fauna extraordinaria, [había] nutrias. Venía gente de todo Buenos Aires, era hermoso. Nadie robaba nada, podías dormir con la puerta abierta.

"El petróleo no jode a nadie"

—El petróleo no jode a nadie, sale afuera y no se mezcla con el agua. Lo que tiran es peor que el petróleo porque se mezcla con el agua, ácido sulfúrico, plomo, se mezcla todo abajo y envenena a los pescados. El petróleo es malo, pero sale afuera y se limpia. Acá hubo petroleras de más de 100 años y esto era un jardín, esto era un jardín sin ninguna contaminación. Vos podías tomar agua de la zanja y no te pasaba nada malo, era muy bueno. [...] Esto era tan lindo y las petroleras existen de cientos y pico de años atrás, y sin embargo acá nunca contaminó nada [...] La contaminación viene de la Compañía Química que derrama 80 toneladas de residuos de ácido sulfúrico y eso va todo al Río de la Plata, y del Río de la Plata toma agua la gente.

"Coimean a un político y siguen envenenando a la gente"

—Claro, no tengo miedo de decirlo, acá todos los políticos están coimeados porque, si no, no permitirían una petroquímica acá, [...] acá la gente muere y a nadie le interesa nada. Los políticos coimean; nadie toma medidas por esto. [...] Ellos se gastan la mitad coimeando un político y siguen envenenando a la gente, ¿me entendés? Vos estás tomando agua del Río de La Plata. ¿Qué refinamiento le pueden hacer a algo que está tan contaminado? A la larga te enfermás, no tenés buena salud. Los ricos toman agua mineral, no les interesa el pobre [...] pero ¿quién fue el que levantó siempre un país? El pobre, así que ellos tendrían que tomar medidas, dejarse de joder los políticos y si quieren más plata extra que vayan a trabajar y no coimear, algo que no lo deben hacer.

"YPF era la segunda madre mía"

—YPF, yo no creo que en el mundo haya otra empresa más buena que YPF. YPF era la segunda madre mía, nunca había visto nada mejor que eso, era muy puntual, no se quedaba con las horas extras de nadie, daba ropa, daba divisas. [...] En YPF ya los 24 te pagaban si vos querías, antes de cerrar el mes, YPF era la madre buena. [...] Tenía que ser muy grave para que te echaran, tenías que ser un borracho, peleador, si no, no te molestaban. Vos trabajabas y eras compensado con las horas extras. [...] YPF para mí fue tan buena como mi madre. Yo me compré mi casa con la plata que hice ahí. Mucha gente vivió muy bien gracias a YPF.

"Hay gente mala en la villa"

—Y lo veo malo al barrio. Yo no tengo nada contra el pobre, más bien yo no quiero al rico. Pero yo lo que veo es que esto se llenó de villa y en la villa hay gente buena pero hay un porcentaje muy alto de gente mala. Porque vienen de otro lado, roban y se refugian ahí. [...] El barrio está muy feo, aparte toda la contaminación [...] Yo veo a los chicos y me da pena [...] Acá se refugia gente muy mala y peligrás vos y peligra todo el mundo. [...] Hay gente a la que le gusta esta joda, porque no quieren trabajar.

"¿Qué porvenir pueden tener esos chicos?"

—Rosario (abuela de Débora) me dijo que [los chicos] tenían plomo en la sangre, y eso te deja anémico y quedás propenso a cualquier enfermedad. ¿Qué porvenir pueden tener esos chicos? [...] Mi hermano está más o menos un poquito más alejado de estos cables, y se empezó a sentir mal, y es un muchacho de buena salud, menor que yo, y yo le dije: "Mirá [son los cables, te tenés que ir de acá]" "Y ¿qué querés que haga?" "¿A dónde voy? ¿A quién le vendo la casa?". Ya en la cuadra hay unos cuantos con enfermedades que no se las encuentra ni el médico. Empieza con decaimiento y todo. Se les caen los dientes, pierden el pelo.

"¿Te estoy dando miedo, Débora?"

Siri —¿Ves? (tosiendo) Cuando vino esa ráfaga yo sentí un olor raro. Como estoy acostumbrado a otro lado...
Débora —¿Sí? Yo no siento nada.
Siri —Por eso, porque ya despacito te va envenenado. A veces cuando vengo por acá me pican los ojos y hay que creer o reventar, yo me di cuenta porque uno viene de un lugar limpio y si vos te llegás a ir a otro lado, cuando venís acá tenés que entrar con máscara. Y ahí te das cuenta lo malo que [es vivir en un lugar con] contaminación.
[...]
Débora —Y en un momento habían dicho que por ahí sacaban a la gente, que la relocalizaban a otro lugar. ¿Sabía eso?
Siri —No, no sabía pero me parece muy buena la idea [...] porque, vos debés tener la edad de mi hija, ¿veintiocho, veintinueve?
Débora —Veintisiete...
Siri —Mientras no sea tarde, porque después se te juntan las enfermedades incurables y ya después no tenés defensas en tu cuerpo, porque después de cinco años más vos ya estás envenenada [...] se tarda en limpiar. Lo sé por experiencia, porque yo trabajé en lugares insalubres, trabajé uno o dos años y en un año [de trabajo en lugares insalubres] no me curo ni en veinte.

Débora —¿Qué le había pasado?
Siri —Trabajaba donde había mucho polvo, la vista, los pulmones, nunca estuve internado ni nada, pero sé que te perjudica los bronquios. Yo te quiero decir con esto que si vos te envenenaste tres años, necesitás seis o siete para limpiarte. ¿Te estoy dando miedo, Débora? Pero es la cruda realidad.

En el momento en que ocurrió este intercambio, las palabras de Siri no atemorizaron a Débora. Pero no las ignoró. ¿Cómo podría desdeñarlas? En realidad, todas las entrevistas, las observaciones, las conversaciones informales y las fotos que estuvimos mirando, grabando, escuchando y transcribiendo durante estos dos años y medio tuvieron un cierto efecto "distanciador" en ella. Mientras que uno de nosotros intentaba acercarse lo más posible a los vecinos del barrio, el otro tomaba distancia del lugar que había sido su hábitat natural desde su nacimiento. Al mismo tiempo, aprendía a mirar al medio ambiente como un universo social a partir del cual era posible construir un objeto de investigación específico (Bourdieu *et al.*, 1991; Elias, 2004). Gradual y trabajosamente, Débora comenzaba a repensar algunos aspectos de su vida en Inflamable y, como lo sugería Siri, a darse cuenta de los posibles efectos que la contaminación circundante podía tener en ella misma. Uno de los resultados de este difícil proceso autorreflexivo fue su decisión de comenzar una serie de exámenes clínicos. Quería saber si su cuerpo registraba la presencia de ciertos tóxicos. El consejo de Siri se convirtió en una gris premonición sobre lo que vendría. A continuación presentamos algunas notas extraídas del diario de Débora, notas que documentan este proceso de reflexividad y luego describen su inesperado desarrollo.

"Notas de mi vida diaria"

27 de septiembre de 2005
¡¡¡Ayer me recibí!!!! [antropología] Es fuerte leer a través de un ensayo fotográfico lo que ocurre en mi barrio, hecho con alguien que no vive acá y reconocer que esta investigación me ha enfrentado y hecho ver lo que realmente pasa en Villa Inflamable. Yo quiero que esto genere otras cosas además de nuestro libro.

7 de octubre de 2005
Después de leer unos artículos en PDF que me envió Javier, volvieron a mí las preguntas que rondan mi cabeza una y otra vez: ¿qué hago viviendo acá todavía? Con todo lo que sé sobre los efectos que a largo plazo puede provocar la contaminación, ¿qué, necesito comprobarlo yo misma?, ¿por qué no me busco cualquier trabajo que me dé dinero para irme de acá? A veces dejaría todo y me iría al medio del campo; pero ¿con qué? Qué injusto es que tengas tu casa y que la quieras vender para irte y que nadie quiera comprarla porque este lugar apesta. También siento una ligazón muy fuerte a este lugar, toda mi familia está acá.

3 de noviembre de 2005
Mi lugar me dio vergüenza hasta los veinte y pico, no quería llevar amigas a mi casa; igual me pasaba con mis novios y eso creo que ha trabado algunas relaciones. Han dicho que eso no les importaba, pero nunca estuve totalmente segura.

19 de noviembre de 2005
Hoy, hablando con Soto, me contó que él trabajaba limpiando tanques, de los grandes, que tiene la sangre muy espesa y mala circulación, además de que fuma. María también tiene la sangre espesa y problemas de presión alta. A mí una vez, cuando me extrajeron sangre, me dijeron que era espesa. ¿Serán los tóxicos de este lugar? Cada entrevista en la cual ha aparecido el tema de la salud y la contaminación me hacía analizar mi cuerpo a través de lo que ellos observaban en el suyo, un acompañamiento

mutuo en la desnaturalización de síntomas y posibles efectos de la contaminación.

11 de marzo de 2006
A veces pienso que no sé si es tan bueno para mí cambiar de aire e irme de vacaciones a lugares tan puros como el mar o Córdoba, es como que hiciera un mini tratamiento descontaminante y después volviera al mismo lugar, como los chicos con plomo después de su quelación.[10]

12 de marzo de 2006
¿Mi estigma? A veces siento que la mirada sobre mí en [mi lugar de trabajo] es diferente cuando se enteran de que vivo en Inflamable: "pobre", "estará contaminada", como una lástima hacia mí, es algo sutil que no está todo el tiempo en ellos pero que lo percibo cuando ese pensamiento de que vivo ahí acude a ellos [...] [Es como si la gente] escrudiñara mi piel, mi cuerpo, como queriendo descubrir signos de la contaminación [...] Eso genera en mí más ganas de irme, pienso en hacerme los análisis, quiero generarme los medios suficientes para poder vivir en otro lugar, para por lo menos no seguir respirando este aire [...] A veces pienso que no se va a hacer ninguna relocalización y que debo pensar ya mismo en mi cuerpo y mi salud e irme [...]

[El tema de la erradicación] parece tan complejo que a veces pienso que debo dejar esto y pensar en mi salud, creo que debo estar a tiempo de revertir o prevenir algún problema que pueda generarme el haber vivido acá desde que nací. Pero también me

---

10. Quelación es el nombre de la terapia indicada para reducir niveles de plomo en sangre. Las indicaciones para la misma varían según la edad del paciente, el nivel sanguíneo de plomo y la sintomatología clínica. La vía de administración de los agentes quelantes es intramuscular y endovenosa venal y requiere internación. Se considera que la quelación no es una panacea para la intoxicación plúmbica por los efectos adversos y porque tampoco hay evidencia de que los agentes quelantes tengan acceso a sitios críticos de la acción tóxica del plomo, tales como el sistema nervioso central. Por lo cual, para que la terapia sea eficaz, lo más importante es que los pacientes sean alejados de la fuente de exposición al plomo. Para profundizar en el tema véase www.sertox.com.ar.

siento tironeada por la idea de que algo se puede hacer y la relocalización no es imposible.

18 de marzo de 2006
Me parece bien la idea de incorporar "mis notas de campo" al libro; mis notas de campo de un trabajo antropológico común son notas de "mi diario de vida". Lo que para otros colegas son "notas de campo" para mí son "notas de mi vida diaria".

En estos dos años y medio, Débora redescubrió a su barrio y a sí misma o, mejor dicho, se redescubrió a sí misma a través de una indagación sobre la historia y el presente de su barrio. Comenzó a examinarse a sí misma a través del prisma construido con las imágenes, las voces y los sufrimientos de sus vecinos. Cuanto más escuchaba y observaba sus padecimientos, oía sus historias sobre el pasado y el presente de Inflamable, leía sobre las fuentes y efectos de la contaminación, más pensaba en su infancia y en su propia vida con una perspectiva diferente. "¿Será que yo también estoy contaminada con plomo?", se preguntaba. "¿Y quién sabe a cuántos otros tóxicos estuve expuesta? ¿Cuáles serán sus efectos a largo plazo?".

En este tiempo, producto de lecturas, de largas y muchas veces circulares conversaciones entre nosotros dos, Débora –pensamos los dos– comenzó a desnaturalizar su propia condición. No fue un proceso lineal; y ciertamente fue una travesía complicada porque, una vez que ella empezó a problematizar su cuerpo y su salud, inmediatamente se inició una búsqueda de soluciones que se ven reflejadas como dudas en su diario: "¿Me quedo o me voy?". "¿Y mi familia?"

Todo este proceso de autodescubrimiento por medio de la reflexividad etnográfica llegó a un punto cúlmine cuando Débora, durante un almuerzo en su casa, le contó a Javier sobre su anemia. ¿Podría estar relacionada con el plomo? ¿O con su exposición crónica al benceno? Nos preguntamos en voz alta. Débora consultó a los doctores del centro de salud local. Le dijeron que, dado que era vegetariana, debía tomar suplementos de hierro y esperar a ver qué sucedía. Dos meses más tarde sus glóbulos rojos ascendieron y los doctores le informaron que no debía preocuparse. Sin embargo, ella insistió. Contrariamente a lo que estábamos aprendiendo sobre la generalizada confusión e incertidumbre que dominan la vida cotidiana en el barrio, ella quería tener certezas –ahora su búsqueda no estaba centrada en lo que sucedía en el barrio sino, de manera más urgente, en lo que ocurría con su cuerpo y su salud–. Ante la insistencia de Javier, Débora fue a una clínica privada y pidió hacerse los estudios para controlar niveles de plomo en sangre. Los resultados mostraron 10 ug/dl (microgramos por decilitro) –justo en el límite de lo que docenas de estudios consideran un nivel normal–. También mostraron la presencia de indicadores de otros químicos en su sangre. Fue entonces cuando decidió consultar a los médicos del Hospital Fernández (en donde existe un importante centro de toxicología).

Cuando los doctores del Hospital Fernández estudiaron los resultados de los análisis de laboratorio, le dijeron a Débora que debía lavar bien la ropa cada vez que volvía del barrio. También le dijeron que debía *evitar comer* en Inflamable. Los doctores pensaban que Débora sólo trabajaba en el barrio, no que vivía allí. Cuando ella les contó que había estado residiendo en la zona durante los últimos veintisiete años, reaccionaron inmediatamente y de manera certera dijeron: "Te tenés que ir de ahí". También ordenaron una serie de estudios para examinar indicadores "directos e indirectos" de envenenamiento. Esa noche, Débora escribió: "Mientras esperaba en la fila en el hospital, con todas las órdenes de laboratorio en mis manos, no pude evitar pensar en todas las pobres mamás de Inflamable. Estuve hablando con ellas en estos dos años. Si los doctores les piden más exámenes, ¿qué hacen? No vuelven, no los pueden pagar".

Luego de consultar su historia clínica, los toxicólogos del Hospital Fernández le dijeron que su anemia podía estar relacionada con intoxicación con plomo. También le informaron sobre los diversos síntomas que trae el depósito de plomo en los huesos (pequeños temblores, dolores abdominales, etc.) y le aconsejaron estar alerta a ellos. "Estoy preocupada", escribió en su diario, "si el tratamiento me descontamina, si me mudo (como lo planeo hacer) de Inflamable, ¿cuáles son los efectos a largo plazo? Nadie lo sabe. Es muy difícil escribir esto. Ahora, la verdad es que no importa el libro que estamos escribiendo".

Marcos colectivos estructurados y estructurantes

Nuestro estudio etnográfico captura la construcción colectiva de sentido y la fabricación de las (in)decisiones, esto es, la espera *in situ* en la medida en que se desarrolla. Estábamos allí cuando los vecinos discutían su futuro individual y colectivo; cuando –juntos o individualmente– dudaban en voz alta sobre los posibles efectos de corto y largo plazo de la contaminación del aire, el suelo y el agua; cuando circulaban los rumores más insólitos y los vecinos evaluaban la factibilidad de este o aquel "inminente" plan de erradicación; cuando fantaseaban sobre lo que harían con el "montón de plata" que estaban "a punto de recibir" de algún juzgado. Estábamos también allí cuando todo tipo de intervenciones materiales y simbólicas, simultáneas y muchas veces contradictorias, moldeaban las percepciones colectivas sobre el medio ambiente: desde la aparentemente inconsecuente remera con el logo de una empresa o una pequeña beca para tomar clases de computación dentro del polo petroquímico o el programa diseñado para enseñar a los vecinos a "comer bien", hasta las apariciones disruptivas de periodistas famosos (y la presentación del sufrimiento de Inflamable en las pantallas de televisión) o las visitas azarosas de abogados o funcionarios (y la consiguiente exaltación de las esperanzas colectivas). Estábamos allí leyendo los periódicos o mirando televisión con los vecinos cuando se anunciaban los planes de erradicación de empresas del polo o cuando funcionarios municipales informaban sobre la "pronta" relocalización de cientos de familias. Estábamos allí cuando se suspendían los tratamientos contra la intoxicación con plomo de los niños y niñas del barrio y cuando estaban a punto (siempre "a punto") de reiniciarse. En otras palabras, la nuestra no fue una reconstrucción retrospectiva sino una forma de indagación enraizada en tiempo y espacio real.

Una vez que labramos etnográficamente el suelo de los sentidos y comportamientos relacionados con la toxicidad circundante, descubrimos que los hechos de la polución a veces son pasados por alto (como en el caso de la contribución que YPF hizo a la contaminación del suelo), otros son interpretados equivocadamente (como en el caso de la distribución espacial de la contaminación del suelo); en ese punto fue que comenzamos a indagar sobre la razón social de la incertidumbre y confusión tóxicas. Y comenzamos a tropezar, a dudar nosotros también, sobre lo que en realidad estaba sucediendo, sobre lo que había ocurrido en el pasado y lo que iba a suceder en el futuro cercano. Siempre nos interesó analizar los "sentidos de la contaminación", pero no podíamos evitar interesarnos por los hechos básicos en la vida del barrio: ¿Este funcionario dijo eso o no? ¿El censo está o no relacionado con la erradicación? ¿En serio le dijo el doctor que se tenía que mudar? ¿Tiene tu hija algún síntoma de envenenamiento?

Los aspectos de la experiencia tóxica de Inflamable que nos hicieron dudar en el transcurso de nuestra investigación son los mismos factores que explican las maneras en que los vecinos piensan y sienten la contaminación. "¿Y si este abogado logra un dictamen en su favor? ¿Y si este funcionario lleva a cabo el prometido plan de relocalización? ¿Están o no los chicos localizados en 'el bajo' contaminados con plomo? ¿Es posible que las grandes compañías que organizan la distribución de 'ayuda social' en el barrio sean las responsables del envenenamiento masivo?". Dudamos no sólo porque los vínculos entre lugar, polución y salud son intrínsecamente ambiguos y sujetos a disputa (aún más cuando están involucradas las actividades de grandes empresas [Phillimore *et al.*,

2000]) sino también porque nos hicieron dudar todos los actores que entrevistamos para este proyecto –actores que, en más de una ocasión, exhibieron certezas absolutas en materias que raras veces las admiten y que, de manera más importante para nuestra comprensión de la confusión colectiva, se contradecían unos a otros en ciertos datos básicos (como, por ejemplo, el número de compañías radicadas en el polo petroquímico, el tipo de emanaciones que producen, los hallazgos del estudio epidemiológico, etcétera)–.

Los vecinos de Inflamable están expuestos a un hábitat envenenado; la comprensión de ese hábitat es confusa e incierta. La confusión y la incertidumbre alimentan (y son alimentadas por) su espera y su sumisión. ¿Por qué?

Si leemos los testimonios con atención, si observamos con detenimiento sus acciones e inacciones detectaremos toda clase de suposiciones o entendimientos tácitos más o menos ciertos (sobre cómo se comportan las compañías; sobre cómo funciona la política; sobre lo que los médicos tienen o no tienen que hacer; sobre cómo los vecinos se relacionan con las compañías, los funcionarios y otros actores; sobre cómo la contaminación se "detecta" en el propio cuerpo, etcétera). Juntas, constituyen "un repositorio de material inarticulado desde el cual emergen el pensamiento y la acción autoconciente" (Vaughan, 1998, pág. 31), o siguiendo a Bourdieu, un repertorio de esquemas de percepción, apreciación y acción subjetivos, pero no individuales. Si queremos entender y explicar por qué la experiencia tóxica de Inflamable es como es, debemos examinar cuidadosamente la génesis de estos marcos o esquemas colectivos que los habitantes utilizan para entender o desconocer lo que está sucediendo.

Una espera expuesta

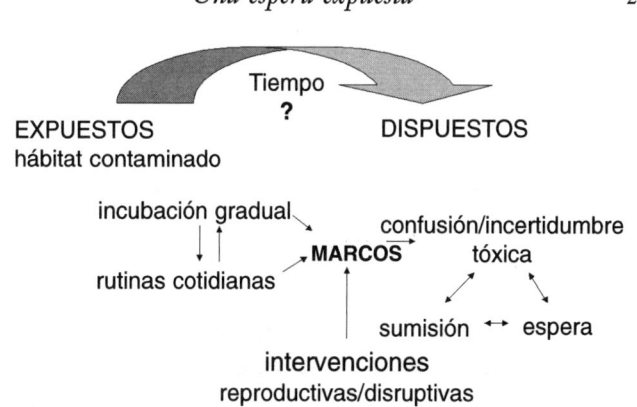

```
                Tiempo
                  ?
EXPUESTOS                    DISPUESTOS
hábitat contaminado

    incubación gradual
         ↓ ↑           confusión/incertidumbre
                 → MARCOS →    tóxica
    rutinas cotidianas
                         ↓
                      sumisión ↔ espera
              intervenciones
         reproductivas/disruptivas
```

Nuestro análisis resaltó distintas fuentes discretas pero interactivas de estructuración de estos marcos colectivos (y por ende, de la disposición de los habitantes hacia su hábitat). Las bases materiales inciertas (las constantes amenazas de erradicación, las disputas sobre quién tiene poder administrativo sobre la zona), sin duda, dan forma a los marcos por medio de los cuales los vecinos viven y se perciben a ellos mismos y a su lugar. La incertidumbre es un elemento constitutivo del repertorio cultural de Inflamable. A pesar de sus bases precarias (y con excepción del accidente del buque petrolero Perito Moreno que ocurrió hace más de dos décadas), los hábitos cotidianos nunca fueron interrumpidos. Esta ausencia de grandes disturbios contribuyó al desarrollo más o menos aceptado de las rutinas en la función que mejor cumplen: operar como anteojeras, aumentando la atención sobre la tarea que se tiene a mano (construir una casa, conseguir trabajo, enviar a los hijos a la escuela) y restringiendo la visión sobre los peligros que crecían en el entorno.[11] Las *rutinas-como-anteojeras* son entonces otra fuente estructurante de los marcos cognitivos y evaluativos mediante los cuales se percibe el medio ambiente. Las muchas conversaciones y entrevistas que tuvimos con los vecinos más antiguos nos llevaron a pensar que las rutinas fueron, en realidad, muy útiles

---

11. Para un tratamiento general de las rutinas, véase Heimer (2001).

para sobrellevar la incertidumbre inherente a un lugar que siempre estuvo a punto de ser desocupado pero que nadie reclamó bajo su exclusiva autoridad.

Mientras que se sucedían las amenazas de erradicación y los vecinos estaban ocupados en vivir sus vidas, la contaminación se incubaba lentamente en el agua, el suelo y el aire de Inflamable (y en los cuerpos de sus habitantes). Esta dispersión temporal, esta lenta y larga incubación de la contaminación, es otro factor fundamental en la formación de los marcos colectivos. Aquí el examen detallado que Diane Vaughan (1990; 1999; 2004) realiza sobre la producción y normalización de una creencia cultural en la aceptabilidad del riesgo en la NASA encuentra interesantes paralelos en Inflamable. Notando la ausencia de grandes disrrupciones y el incremento gradual de problemas aparentemente menores en el programa espacial, Vaughan escribe (1998, pág. 38):

> Si todos los cambios hubiesen ocurrido al mismo tiempo, si hubiese habido daño en cada vuelo debido a una causa en común, o si hubiese habido una regularidad discernible en el daño, el grupo de trabajo hubiese tenido señales fuertes y claras que potencialmente hubieran servido para cuestionar la creencia cultural en la aceptabilidad del riesgo. En cambio, el daño ocurrió de manera incremental, la relevancia de cada incidente fue enmudecida por el contexto social y por un abordaje en donde primaba el aprender-haciendo. Esto hizo que los ingenieros interpretaran cada episodio como algo local y aislado.

Para citar a un informante del profundo análisis que otra socióloga de las organizaciones, Lynn Eden, hace de las maneras de pensar sobre el daño producido por el fuego que predomina en la planificación nuclear norteamericana, diríamos que fue "un continuo apilamiento de cosas" (Eden, 2004, pág.271). Ese "continuo apilamiento" dio forma a las maneras en que los planificadores incorporaron (o dejaron de incorporar) los efectos del fuego en los modelos de daño nuclear,[12] moldeó las maneras en que el personal de la NASA pensó el riesgo y formó las confusas perspectivas con las que los residentes de Inflamable piensan y sienten sobre el medio ambiente: no en la manera en que lo haría un actor externo, sino en el modo situado que surge de un largo período de incubación.

Los habitantes no descubrieron de manera "abrupta" que el barrio estaba contaminado, no sonó ninguna alarma, nadie produjo ninguna advertencia. El plomo, el benceno, el tolueno y otras sustancias se fueron acumulando gradualmente en el terreno, el agua y los cuerpos. En otras palabras, los esquemas de percepción, apreciación y acción son, de manera similar a los esquemas que tienen los científicos y otros profesionales en organizaciones altamente especializadas, historia incorporada; sus marcos colectivos representan "la presencia activa de todo el pasado del cual [éstos] son producto" (Bourdieu, 1980, pág. 56).

El pasado pesa en el desarrollo de los esquemas clasificatorios de los residentes de Inflamable. Así también pesan las intervenciones materiales y discursivas presentes –la otra fuente de estructuración de los marcos colectivos–. Algunas de estas intervenciones (la caridad de Shell, el abordaje de los doctores a las enfermedades predominantes, la mirada indiferente del Estado) son reproductivas, esto es, refuerzan la confusión dominante. Otras tienen un doble filo: las acciones y dichos de los profesionales del derecho, los periodistas y algunos funcionarios perpetúan la confusión, pero tienen también el potencial de introducir formas simbólicas que pueden ir contra la insuficiente e imprecisa información propagada por poderosas fuerzas institucionales. En ambos casos, sin

---

12. En un notable trabajo de investigación, la socióloga Lynn Eden examina las razones por las cuales el gobierno norteamericano, durante los años en que planificó una guerra nuclear estratégica, nunca se preocupó por predecir los daños causales no sólo por el impacto de sus bombas nucleares sino por el fuego que éstas generan. Las razones hay que buscarlas en las maneras en que las organizaciones involucradas en la planificación estratégica enmarcan los problemas que luego intentan resolver.

embargo, los habitantes ejercen escaso (o nulo) control sobre qué información, qué razones, qué historias (un estudio epidemiológico, un plan de erradicación, un fallo judicial, etc.) les llegan.

Para resumir, las experiencias que los habitantes de Inflamable tienen de su lugar están determinadas social y políticamente. No emergen de manera directa del medio ambiente contaminado sino que provienen de los esquemas de percepción, apreciación y acción que ha moldeado la historia y las varias intervenciones presentes. Estos marcos son, en otras palabras, estructurados y estructurantes: moldean lo que la gente ve y no ve, lo que sabe, desconoce y quisiera saber y lo que hace y no hace.

CONCLUSIÓN
Etnografía y sufrimiento ambiental

El mejor estudio etnográfico nunca hará del lector un nativo [...] Todo lo que puede hacer el historiador o el etnógrafo, y todo lo que podemos esperar de él, es ensanchar una experiencia específica a las dimensiones de una más general.

Claude Lévi-Strauss

Susana llegó a Inflamable en 1995. Con fondos provistos por el estado municipal y por algunas empresas del polo, organiza un comedor comunitario en su casa. Tiene una hija y tres hijos, uno de ellos, Ezequiel, fue examinado durante el estudio de JICA y tiene niveles muy altos de plomo en sangre. Lo que sigue es una transcripción revisada y corregida de una conversación de dos horas que mantuvimos con ella en marzo del año 2006. El diálogo toca varios de los temas de nuestro estudio: sus primeros días en el barrio, sus hijos enfermos, los rumores sobre la erradicación, el papel jugado por los doctores y los abogados, el impacto que tuvo el estudio de JICA en la percepción sobre la contaminación, etcétera.

En la voz de Susana, las afirmaciones sobre la contaminación y sus consecuencias vienen junto a las esperanzas depositadas en los abogados, la constante amenaza de relocalización y la creencia en la buena fe de las compañías del polo. Susana no resume el punto de vista de Inflamable sobre la contaminación ambiental –como dijimos, no existe un único punto de vista–. La elegimos para cerrar este libro porque, como Siri, en parte acuerda y en parte desacuerda con sus vecinos. Es este desacuerdo, sumado a las dudas, la espera y la confusión de Susana, lo que define la experiencia tóxica local.

Rellenando con desechos tóxicos

—Esto [refiriéndose a su patio] era una lagunita. Rellenamos con lo que los camiones sacaban de ahí [el frente de su casa] para hacer la calle. Era todo cemento, piedras, esa cosa negra. Pagamos 5 pesos por camión y pusieron todo acá adentro.

Su hijo con plomo

—Ezequiel tiene vergüenza de salir en pantalón corto, por los granos. Tiene como marcas por todos lados. Gracias a Dios, nunca en la cara. Le compré pantalones largos para que se tape los granos. A la noche no duerme. Le pica todo, la espalda, los brazos, las piernas. A Manuel [su segundo hijo] ahora le están saliendo manchas. Ahora estoy esperando a los abogados. Van a venir a hacer los estudios, pero no sé qué pasa, porque todavía no vinieron. Yo los llamé y no vinieron.

Pensando (con otros) sobre la contaminación

—Cuando empezaron a llamar a los chicos para el estudio del plomo [en el año 2001], empecé a pensar en lo de los granos. [...] Cuando me dijeron que tenía plomo, empecé a pensar en lo de la contaminación. Los doctores [en el centro de salud local] me dijeron: "No, señora, no se asuste. No es nada". Y ahora, no sé. Es como si nada hubiera pasado con lo del plomo. De la municipalidad no vinieron más. Y no hubo más exámenes.

Esperando a los abogados: "El agua tiene caca. Tenemos todo a favor"

—Antes que éste, tuvimos otros abogados, el doctor Palacio y otros. Vinieron, firmamos un poder, tuvimos reuniones, nos explicaron las cosas, y de golpe, desaparecieron. Venían de capital. Un vecino los trajo. Creo que por medio de un político. Nunca más volvieron [desde el año 2001]. Fuimos a La Plata para hacer los exámenes. Después nos juntamos con otros vecinos y conseguimos otro abogado. El doctor Isla. Hicimos reuniones en casa, firmamos los papeles y nos explicó todo. Estuvimos por todos lados. Nos dijeron que se podía sacar plata de las empresas. Vino en noviembre del año pasado [2005]. Y otro día no vino más. Pero volvió, éste volvió. Yo le tengo confianza. Nos dejó de llamar por seis meses, pero es muy responsable. Les hizo los exámenes a cuatro familias. Pero no sabemos los resultados. Parece que le dijo a un vecino que hay que hacerlos de vuelta. No sé. Hace meses que no viene. Lo voy a llamar [...] El agua tiene caca, tenemos todo a favor [para ganar el juicio]. El abogado hizo juicio porque estamos desprotegidos acá. El abogado me dijo: "Susana, preparáte, porque vas a tener una buena recompensa. Vamos a ganar el juicio".

Relocalización

—Nos van a mudar. Este año. Los de la municipalidad dicen que para el 2007 no tiene que haber nadie viviendo acá. Los dueños nos van a pagar, nos van a dar una casa. No va a quedar ninguna casa acá. Todas las compañías, menos Petrobras, ya pusieron la plata. Todos los vecinos de Villa Inflamable se van a mudar, pero ¿a dónde vamos a ir? No nos pueden echar. Si me dan 30 mil pesos, yo me mudo a Areco, con mi prima. Es lindo ahí. Pero, si nos erradican, no sé a donde voy a ir. ¿Qué hago? No tengo lugar donde ir, no sé, no sé...

La mejor empresa

Para decirte la verdad, no nos podemos quejar de Shell. Es la mejor empresa. Nos ayuda mucho. Y Tri-Eco también. Nos dan la leche y el pan, 20 kilos de pan y 20 de leche. No nos podemos quejar de las empresas porque cuando necesitamos siempre están. Siepe es muy buena persona, muy bueno.

"Es necesario", escribe Pierre Bourdieu en *The Weight of the World*, "aprender a escuchar [...] darle al casamiento de una maestra con un cartero la misma atención e interés que le daríamos a una rendición literaria de una mala alianza, y a darle a las afirmaciones de un trabajador metalúrgico la recepción cuidadosa por cierta tradición de lectura a las formas más altas de poesía o filosofía" (1999, pág. 624).[1] Para comprender realmente la experiencia cotidiana de la contaminación es necesario, hasta imperativo, aprender a escuchar las aparentemente anecdóticas historias de los habitantes de Inflamable –sus recuerdos de los olores que emanaban de las ya desaparecidas quintas, del tamaño de los tomates y las frutas cosechadas allí, del canto de los pájaros de "entonces"–, sus afirmaciones, a veces ilusorias y desacertadas, como por ejemplo, cuando aseguran que: "No estoy contaminado porque me hice un análisis de sangre y estoy limpio" o "Ahora con este abogado le vamos a ganar a la empresa". Y también es indispensable escudriñar estas afirmaciones con la misma (o quizás con más) atención analítica que se utiliza para los juicios de los expertos (sean éstos abogados, ingenieros, trabajadores sociales, médicos o funcionarios). Es también crucial examinar –sacar a la luz y aprender a interpretar y explicar– otros detalles "menores" de la vida cotidiana en el barrio, detalles que el trabajo etnográfico está bien equipado

---

1. Todas las citas fueron traducidas por los autores.

para analizar: las visitas rutinarias al centro de salud y a otros hospitales realizadas, en general, por madres con sus hijos enfermos, los contactos ocasionales que los vecinos tienen con el personal de las empresas para pedirles algún favor específico, las apariciones sorpresivas de periodistas y abogados, los rumores sobre la inminente erradicación, las reuniones con funcionarios, etcétera. A lo largo de este texto, centramos nuestra atención en estas palabras y hechos porque, juntas, constituyen la sustancia de la experiencia tóxica de Inflamable.

A los efectos de presentar al lector una descripción lo más luminosa y densa posible (Geertz, 1973; Katz, 2001 y 2002), recurrimos al trabajo etnográfico tradicional —aquel que aún requiere "la misma voluntad de estar en lugares poco confortables, tomar alcohol de mala calidad, aburrirse con sus compañeros de trago y ser picado por mosquitos, como siempre" (Mintz, 2000), a lo que también habría que agregar, por cierto, todos los elementos positivos que tiene este oficio. También centramos nuestra atención etnográfica en los actores y las prácticas que influyen en las maneras en que los habitantes sienten y piensan sobre la toxicidad. Pensamos en nuestro trabajo de campo como una forma de indagación enraizada y corporal que ha tenido constante vigilancia sobre los determinantes externos de la experiencia analizada (sobre las variantes de trabajo de campo, véanse Duneier, 1999; Burawoy *et al.*, 2000; Wacquant, 2005). Nos movimos hacia dentro y hacia afuera de Inflamable para entender y explicar las complejas maneras en que los habitantes construyen el sentido de sus vidas en el contexto de sus rutinas cotidianas (sentido que es distinto si están frente a un actor externo). Nos acercamos a los sujetos, pero también nos alejamos de ellos para comprender mejor sus visiones y sus acciones. En este ir y venir, ¿qué es lo que aprendimos sobre Inflamable específicamente y, en términos más generales, sobre el sufrimiento ambiental?

Tenemos pocas dudas respecto de que, al posponer la relocalización, el Estado está perpetuando el sufrimiento de los habitantes de Inflamable y condenando a una generación a vivir vidas envenenadas con plomo (con las trágicas consecuencias para su salud física y mental que son bien conocidas). También tenemos pocas dudas respecto de que las pasadas y presentes emanaciones no controladas provenientes del polo petroquímico han contribuido sustancialmente a la vida miserable que se vive en este barrio convertido en zona industrial. Ahora bien, la experiencia vivida del sufrimiento no es un producto exclusivo de emanaciones no controladas. Las maneras en que los habitantes le dan sentido a su padecimiento están condicionadas (determinadas, en realidad) por las múltiples intervenciones materiales y discursivas que penetran el hábitat de Inflamable. En la experiencia de la contaminación, las toxinas importan, pero también importan las palabras y acciones nocivas y oscuras (incluso aquellas realizadas con las mejores intenciones).

Las diversas maneras en que los habitantes perciben su frágil y vulnerable condición son imposibles de comprender si no miramos, simultáneamente, lo que otros actores hacen y dicen sobre ellos. Examinadas desde este punto de vista, expresiones como "El agua tiene caca, tenemos todo a favor" tienen sentido. En medio del asalto tóxico y de la confusión e incertidumbre generalizadas, los habitantes están en cierto sentido convencidos (y hemos detectado una confianza creciente durante los años de nuestra investigación) de que su sufrimiento –las alergias y los granos de sus hijos, sus dolores de cabeza, su cansancio extremo– *tiene un sentido*. Desde ese punto de vista, el suyo no es un "sufrimiento inútil" (Levinas, 1988) sino uno que, en manos de un buen abogado o un ambicioso periodista, puede ser bien utilizado. Su sufrimiento y su espera tienen sentido: después de todo "tienen todo a su favor".

Las palabras y las acciones de los abogados ahora son parte de los esquemas de percepción y evaluación de los habitantes. También lo son aquellas de los funcionarios y los doctores locales: las percepciones y sentimientos sobre el plomo, por ejemplo, son difíciles de imaginar divorciadas del estudio epidemiológico financiado por JICA y apoyado por el Estado local. Las palabras de Susana son claras en este sentido: comenzó a pensar sobre los granos de su hijo de manera diferente luego de que se iniciara el estudio epidemiológico. Sus dudas deben ser situadas en el contexto de las palabras "tranquilizadoras" de los doctores (o, mejor dicho, en el contexto de lo que ella entiende que le están diciendo los doctores). Estas incertidumbres se ven agigantadas por la siempre presente amenaza de erradicación/relocalización –la cual, según informan las autoridades estatales, se llevará a cabo por la presencia de peligrosos contaminantes en la zona.[2] El lenguaje y las acciones de las empresas del polo son también parte de los marcos de interpretación de los habitantes. En un ejemplo muy instructivo del funcionamiento de la violencia simbólica (en la cual los dominados comparten categorías de percepción con los dominantes [Bourdieu, 1991; Bourdieu y Wacquant, 1992]), vemos que muchos habitantes piensan que las compañías del polo son "las mejores empresas", son buenos proveedores de "ayuda". ¿Será muy descabellado argumentar que estas visiones e inacciones (la esperanza, confiada pero impotente, en los abogados, la imagen positiva de las empresas que tienen muchos de los vecinos, las dudas sobre el origen, la ubicación y los efectos de la contaminación) mantiene intacta la propia dominación? La relación entre el espacio objetivo (contaminado) y las representaciones subjetivas (tóxicas) –o entre el hábitat y el *habitus*– es entonces una relación compleja. Los habitantes están, es cierto, dispuestos porque están expuestos (Bourdieu, 2000, p.140) pero el conjunto de entendimientos confusos, contradictorios y equivocados (*mis-cognitions*, en palabras de Bourdieu) generados por la extensa exposición temporal a los contaminantes está mediado por las muchas apropiaciones, negaciones y distorsiones llevadas a

---

2. Mientras escribimos esto, comienzan a circular nuevamente versiones sobre una relocalización (apoyadas por la decisión de la Corte Suprema que ordenó la limpieza del Riachuelo y su zona aledaña). Algunas compañías de la zona fueron conminadas a mudarse del polo. Aun si la relocalización sucede, los vecinos probablemente nunca sepan los efectos concretos que la constante exposición a las toxinas ha tenido en sus cuerpos.

cabo por varias instituciones. Los usos y abusos de la contaminación moldean las maneras en las que los residentes ven, juzgan y actúan (o dejan de actuar) sobre sus condiciones de existencia. Estas acciones, visiones y evaluaciones, a su vez, mantienen su propia debilidad colectiva y perpetúan, en algún sentido, su exposición.

Lo que vemos en Inflamable es, entonces, una variación específica de la experiencia general de dominación. Inflamable demuestra no sólo lo que implica vivir en peligro tóxico sino que también, y de manera más amplia, exhibe cómo funciona la dominación. Nuestra tarea como etnógrafos ha sido la de enfatizar las particularidades de este caso mientras que, al mismo tiempo, examinamos cómo las características distintivas se relacionan con discusiones más generales sobre las relaciones entre el sufrimiento, la falta de poder y la producción social de la incertidumbre. Parafraseando a Lévi-Strauss, intentamos ensanchar la experiencia tóxica de Inflamable a las dimensiones de una experiencia más general.

Conocemos bien los dilemas morales y políticos que están implícitos en los intentos por representar el sufrimiento y la dominación ajenos (Kleinman *et al.*, 1997). En un libro que discute las distintas apropiaciones y transformaciones del dolor colectivo de los vecinos de un barrio llevadas a cabo por distintos tipos de profesionales y funcionarios, estaríamos ciegos si no notáramos que nuestra disección académica y este libro son también una forma de apropiación o, en palabras de Veena Das, una "transformación profesional del sufrimiento" (1995, pág. 143). Tomamos el riesgo de investigar y escribir sobre el padecimiento colectivo en Inflamable porque también sabemos –y nos preocupan– los peligros que implica ser cómplice del silencio social sobre este mismo sufrimiento (Das, 1997). Si bien el vínculo entre medio ambiente y salud es algo que está emergiendo como tema de interés público en la Argentina contemporánea, la grave desigualdad en la distribución de los riesgos y el sufrimiento de aquellos más vulnerables son rutinariamente desplazados de la agenda como un tema siempre "menos urgente". Como un ejercicio en ciencias sociales públicas, esto es en ciencias sociales que se involucran en disensiones públicas de múltiples maneras (Burawoy, 2005), el objetivo más amplio de este libro es procurar que los lectores comiencen a tomar al sufrimiento ambiental como un tema de preocupación ciudadana perentoria –un tema que, a pesar de la gran cantidad de investigación sobre la desigualdad y pobreza en América Latina, se ha mantenido en forma marginal (marginalidad que, lamentablemente, refleja el estatus secundario de los problemas ambientales entre los funcionarios estatales).[3]

A lo largo de este libro presentamos muchos testimonios individuales que hablan de ese sufrimiento. Las experiencias del padecimiento, sin embargo, no son individuales. Son sociales porque, si bien localizadas en los cuerpos individuales y expresadas en voces individuales, son activamente creadas por la posición que los habitantes de Inflamable (como personas privadas tanto material como simbólicamente) ocupan tanto en el macrocosmos social así como en el microcosmos específico de un barrio altamente contaminado.

Las experiencias del sufrimiento son sociales en un segundo sentido: los significados que los habitantes atribuyen a su condición dependen de situaciones específicas, universos relacionales y representaciones culturales disponibles. Este libro ha documentado las distintas maneras de "vivir la toxicidad" y se ha centrado en la confusión e incertidumbre como temas dominantes en las experiencias compartidas del sufrimiento. Esta confusión, esperamos haber demostrado, es una construcción social, pero no cooperativa.

Una de las lecciones sustantivas que aprendimos en esta travesía etnográfica es que las representaciones y experiencias contaminadas son incomprensibles si no se las sitúa en un contexto material y simbólico más general, esto es, en la relación histórica que Inflamable tiene con el polo petroquímico y en la plétora de intervenciones prácticas y discursivas. El

---

3. Sobre el papel de los escritores como productores culturales que "pueden expandir los límites de la comunidad moral y hacernos reconocer el sufrimiento allí donde normalmente no lo vemos", véase Morris (1997).

origen de lo que la gente vive en Inflamable yace fuera de sus límites territoriales –no sólo las toxinas invaden al barrio, también lo hacen las palabras y las acciones–. Hemos prestado atención a estos discursos, que hablan con voz autorizada en materias que no permiten certeza, y a estas acciones concretas (como, por ejemplo, la distribución de recursos materiales en el barrio, el financiamiento del centro de salud local, los distintos juicios pendientes, etc.) porque son una parte importante del orden material y simbólico de Inflamable; las palabras y las acciones de agentes externos producen las maneras en que los vecinos sienten y piensan sobre sus vidas y su lugar circundante. En otras palabras, nuestro trabajo confirma y expande el análisis que Pierre Bourdieu propuso sobre los "efectos de lugar": "El principio esencial de lo que se vive y se ve en el terreno –el testimonio más impresionante y la experiencia más dramática– está en otro lugar" (Bourdieu *et al.*, 1999, pág. 123).

Una lección analítica más amplia para quienes estén interesados en el estudio del sufrimiento ambiental es entonces la siguiente: su estudio es (junto a una indagación sobre los "datos duros" de la contaminación) un examen de las experiencias y los sentidos atribuidos a este sufrimiento. Una etnografía del sufrimiento ambiental es un análisis de las voces de quienes padecen, pero es también un estudio de las narrativas que circulan alrededor de las vidas de quienes lo padecen, esto es, de todos los intentos de darle sentido a este sufrimiento, de todas las apropiaciones y reconocimientos que son, como lo implica el análisis anterior, actos profundamente políticos (Todeschini, 2001).

Hay también una lección metodológica que se desprende de nuestro análisis: nos acercamos, usualmente mucho, a nuestros sujetos, pero evitamos imitar sus opiniones, vinculándolas al sistema de relaciones materiales y simbólicas (resumidas en ideas tales como "relación orgánica" y "labor de confusión") que conectan al barrio con su contexto más amplio. Centramos nuestra atención en la relación entre los sentidos vividos de la contaminación y la construcción social de la confusión e incertidumbre no porque nos topamos con este tema "ya preparado" cuando comenzamos nuestro trabajo de campo (como el abordaje etnográfico que dice "me vinieron las ideas mientras hacia etnografía" [Wacquant, 2002, pág.1481]) sino porque, desde el principio, nos interesaron los vínculos entre sufrimiento social y relaciones de poder/conocimiento (Arendt, 1973; Kleinman, Das, y Lock, 1997). La recolección de datos debería entonces denominarse producción de datos, en el sentido de que está íntimamente vinculada con la construcción teórica del objeto etnográfico (Bourdieu *et al.*, 1991; Wacquant, 2002).

Ahora bien, es más fácil decir esto que hacerlo, especialmente cuando la investigación es una empresa en conjunto entre personas que no sólo provienen de distintas disciplinas sino también, y de manera más relevante, están ubicadas en posiciones diferentes en el espacio social y académico: una de nosotros, habitante de Inflamable con un título reciente en antropología, el otro, un profesor titular en una universidad de los Estados Unidos y que tienen intereses disímiles (más activista la primera, más académico el otro). Evitaremos convertir esta última página en un ejercicio de exhibición narcisista (ejercicio que estos días se confunde con reflexividad) sobre nuestro emprendimiento que incluyó investigación y coautoría. La prueba de las virtudes y defectos de este tipo de colaboración están representadas, después de todo, en este libro. Déjennos simplemente decir que este texto representa un punto de contacto transitorio en las vidas de una antropóloga "nativa" y un sociólogo (en más de un sentido) extranjero. Combinamos dos disciplinas y dos "posiciones de sujeto" para producir lo que, pensamos, es una comprensión y explicación bastante reveladora del sufrimiento colectivo en medio del asalto tóxico. Si bien provenimos de distintos lugares y probablemente continuemos por caminos separados, encontramos en la investigación y escritura etnográfica un terreno en común. Muchas razones individuales (más o menos académicas, más o menos políticas, más o menos personales) influyeron en nuestra decisión de escribir un libro, juntos, sobre Inflamable. Y esas razones se fueron modificando a medida que avanzábamos en el trabajo de campo, conocíamos mejor a los vecinos y también cambiaban las percepciones de nosotros mismos –en el caso de uno de nosotros, la antropóloga "nativa", de manera bastante radical–. Pero hubo una razón, una motivación, llámesela libido si se quiere, que compartimos desde el inicio de esta aventura: este libro fue concebido como una manera de decirles a los habitantes de Inflamable que nos preocupamos por ellos, que estamos con ellos, que escuchamos sus historias y que brindaremos testimonio de lo que están padeciendo. Ofrecemos este libro para atestiguar sus experiencias de sufrimiento colectivo con la esperanza (quizás quimérica, pero no menos cierta) de que sea útil como herramienta para el inicio de una transformación en sus vidas.

EPÍLOGO

Cuando estábamos a punto de concluir con el trabajo de campo en el cual este libro está basado (julio de 2006), uno de nosotros, Javier, fue entrevistado por el periódico *Página 12*. Con el título "En los estudios de pobreza el medio ambiente está rezagado", la entrevista llamó la atención de la nueva subsecretaria de desarrollo sustentable (quien estaba a punto de jurar en su cargo en la Secretaría de Ambiente y Desarrollo Sustentable de la Nación), quien se contactó con Javier el mismo día en que la entrevista fue publicada. Estaba "buscando gente", le dijo, "para trabajar conmigo" y le preguntó a Javier si él o alguien de su confianza estaba dispuesto a sumarse a la nueva gestión. Javier rechazó la sorpresiva oferta (no reside en el país desde el año 1992 y estaba partiendo en menos de un mes), pero puso a esta recién estrenada funcionaria en contacto con Débora –"ella tiene experiencia de primera mano y ha trabajado desde hace un tiempo sobre el tema"–, le dijo Javier a la funcionaria. Desde entonces, Débora trabaja como asesora (su título oficial es el de coordinadora de programas) en la renovada Secretaría de Ambiente. Su tarea principal ha sido la de promover la intervención en el polo y la relocalización de Inflamable (en un plan que incluía, entre otras cosas, la creación de un fondo, con dinero del gobierno nacional y de las empresas petroleras, para subsidiar las nuevas casas y para solventar el tratamiento sanitario de la población y el saneamiento de los suelos del área del polo). No son esfuerzos solitarios. Durante el último año, la secretaría ha recibido una gran cantidad de fondos de parte del gobierno nacional y ha emprendido nuevas iniciativas ambientales (la limpieza del Riachuelo, el monitoreo y sanción de empresas contaminantes, etcétera). Es aún prematuro saber si estos planes serán o no exitosos, y una crónica completa de las acciones de Débora y de la resistencia que éstas han encontrado algunas veces (una verdadera etnografía del diseño e implementación de políticas estatales) está más allá de los límites de este libro. Todo lo que podemos hacer aquí es indicar el hecho, bien conocido para los urbanistas, de que los elementos señalados en este libro (contaminación del aire, agua, suelo, deterioro de la higiene pública, crisis de vivienda) constituyen problemas que, representando lo que Manuel Castells (2002) denomina el "lado oscuro del proceso de urbanización", son colectivos y no serán resueltos solamente por alguna suma natural de acciones individuales, por más astutas que éstas sean.

Al analizar las posibilidades de acción colectiva contra la degradación ambiental, el sociólogo Peter Evans describe instancias de "sinergía societal-estatal": ocasiones en las que "agencias públicas comprometidas y comunidades movilizadas aumentan mutuamente sus capacidades para producir bienes públicos" (2002, pág. 21). Si bien el Estado no es usualmente confiable (y nuestro libro ha documentado la complicidad estatal en la situación dramática en la que se encuentra Villa Inflamable), nada impide pensar que, tal vez en un futuro no muy lejano, dependencias dentro de este mismo Estado puedan convertirse, como describe Evans, en "potenciales aliadas". Aunque existen casos en América Latina que dan cuenta de la existencia de esa posibilidad (Cubatao, por ejemplo [Mello, 1998]), no podemos hoy asegurar que la hoy revitalizada Secretaría de Ambiente (parte de lo que Bourdieu denominaría la "mano izquierda del Estado") quiera o pueda promover esa sinergia entre la sociedad y el Estado, central a la hora de iniciar un cambio positivo en Inflamable.

REFERENCIAS BIBLIOGRÁFICAS

Abu-Lughod, Lila (2000): "Locating Ethnography", *Ethnography* 1 (2): 261-67.
Alarcón, Cristian (2003): *Cuando me muera quiero que me toquen cumbia. Vidas de pibes chorros*, Buenos Aires, Norma.
Alarcón, Cristian (2006): "Vivir junto al Riachuelo", *Página 12*, 23 de mayo.
Altimir, Oscar; Luis Beccaria y Martín Gonzáles Rozada (2002): "Income Distribution in Argentina 1974-2002", *Cepal Review* 7, CEPAL.
Anderton, Douglas; Andy Anderson; John Michael Oakes y Michael Fraser (1994): "Environmental Equity: The Demographics of Dumping", *Demography* 31 (2): 229-48.
Arendt, Hannah (1973): *The Origins of Totalitarianism*, Nueva York, Harcourt Brace Jovanovich Publishers. (Edición en castellano: *Los orígenes del totalitarismo*, Madrid, Alianza, 1974.)
Ashforth, Adam (2005): *Witchcraft, Violence, and Democracy in South Africa*, Chicago, The University of Chicago Press.
Auyero, Javier (1999): " 'This is Like the Bronx, Isn't It?' Lived Experiences of Slum-dwellers in Argentina", *International Journal of Urban and Regional Research* 23 (1): 45-69.
Auyero, Javier (2001): *Poor People's Politics*, Durham, Duke University Press.
Auyero, Javier (2007): *La zona gris. Violencia colectiva y política partidaria en la Argentina contemporánea*, Buenos Aires, Siglo XXI.
Beamish, Thomas (2001): "Environmental Hazard and Institutional Betrayal", *Organization and Environment* 14 (1): 5-33.

Becker, Howard (1995): "Visual Sociology, Documentary Photography, and Photojournalism: It's (Almost) All a Matter of Context", *Visual Sociology* 10 (1-2): 5-14.

Becker, Howard (1970): *Sociological Work: Methods and Substance*, Chicago, Aldine.

Berney, Barbara (2000): "Round and Round It Goes. The Epidemiology of Childhood Lead Poisoning, 1950-1990", en Kroll-Smith, Steve; Phil Brown y Valerie J. Gunter (eds.), *Illness and the Environment. A Reader in Contested Medicine*, Nueva York, New York University Press, págs. 235-57.

Bourdieu, Pierre (1977): *Outline of a Theory of Practice*, Cambridge, Cambridge University Press.

Bourdieu, Pierre (1980): *Questiones de sociologie*, París, Éditions de Minuit.

Bourdieu, Pierre (1991): *Language and Symbolic Power*, Cambridge, Harvard University Press.

Bourdieu, Pierre (1991): *The Craft of Sociology: Epistemological Preliminaries*, Nueva York, Aldine De Gruyter.

Bourdieu, Pierre (1998): *Practical Reason*, California, Stanford University Press.

Bourdieu, Pierre (2000): *Pascalian Meditations*, California, Stanford University Press.

Bourdieu, Pierre y Loïc Wacquant (1992): *An Invitation to Reflexive Sociology*, Chicago, Chicago University Press.

Bourdieu, Pierre (comp.) (1999): *The Weight of the World. Social Suffering in Contemporary Society*, California, Stanford University Press. (Edición en castellano: *La miseria del mundo*, Buenos Aires, Fondo de Cultura Económica, 1999).

Bourdieu, Pierre y Marie-Claire Bourdieu (2004): "The Peasant and Photography", *Ethnography* 5 (4): 601-16.

Bourdieu, Pierre; Jean-Claude Chamboderon y Jean-Claude Passeron (1991): *The Craft of Sociology. Epistemological Preliminaries*, Nueva York, Aldine De Gruyter.

Bourgois, Philippe (2001): "The Power of Violence in War and Peace", *Ethnography* 2 (1): 5-34.

Bourgois, Philippe (2003): *In Search of Respect. Selling Crack in El Barrio*, Cambridge, Cambridge University Press.

Bourgois, Philippe y Jeffrey Schonberg (en prensa): *Righteous Dopefiend*, California, University of California Press.

Brown, Phil (1991): "The Popular Epidemiology Approach to Toxic Waste Contamination" en Couch, Stephen Robert y J. Stephen

Kroll-Smith (eds.), *Communities at Risk. Collective Responses to Technological Hazard*, Nueva York, Peter Lang, págs. 133-55.

Brown, Phil y Edwin Mikkelsen (1990): *No Safe Place. Toxic Waste, Leukemia, and Community Action*, Berkeley, University of California Press.

Brown, Phil; Steve Kroll-Smith y Valerie J. Gunter (2000): "Knowledge, Citizens, and Organizations. An Overview of Environments, Diseases, and Social Conflict", en Kroll-Smith, Steve; Phil Brown y Valerie J. Gunter (eds.), *Illness and the Environment. A Reader in Contested Medicine*, Nueva York, New York University Press, págs. 9-25.

Brown, Phil y Judith Kirwan Kelley (2000): " 'Physicians' Knowledge, Attitudes, and Practice Regarding Environmental Health Hazards", en Kroll-Smith, Steve; Phil Brown y Valerie J. Gunter (eds.), *Illness and the Environment. A Reader in Contested Medicine*, Nueva York, New York University Press, págs. 46-71.

Bullard, Robert (1990): *Dumping in Dixie. Race, Class, and Environmental Quality*,

Bullard, Robert (ed.) (1993): *Environmental Racism: Voices from the Grassroots*, Cambridge, South End.

Bullard, Robert (ed.) (2005): *The Quest for Environmental Justice*, San Francisco, Sierra Club Books.

Burawoy, Michael; Joseph Blum, Shebe George, Zsuszsa Gille, Teresa Gowan, Lynne Haney, Maren Klawiter, Steven H. Lopez, Sean O. Riain y Millie Thayer (2000): *Global Ethnography*, California, California University Press.

Burawoy, Michael (2005) "For Public Sociology", *American Sociological Review* 70:4-28.

Cable, Sherry y Edward Walsh (1991): "The Emergence of Environmental Protest: Yellow Creek and TMI Compared", en Couch, Stephen Robert y J. Stephen Kroll-Smith (eds.), *Communities at Risk. Collective Responses to Technological Hazards*, Nueva York, Peter Lang, págs. 113-132.

Capek, Stella (1993): "The 'Environmental Justice' Frame: A Conceptual Discussion and Application", *Social Problems* 41 (1): 5-24.

Caplan, Pat (2000): "Introduction: Risk Revisited", en Pat Caplan (ed.), *Risk Revisited*, Londres, Pluto Press. págs. 1-28.

Castells, Manuel (2002): "Preface. Sustainable Cities: Structure and Agency", en Peter Evans (ed.), *Livable Cities? Urban*

Struggles for Livelihood and Sustainability, Berkeley, University of California Press.
Checker, Melissa (2005): *Polluted Promises. Environmental Racism and the Search for Justice in a Southern Town*, Nueva York, New York University Press.
Clarke, Lee (1989): *Acceptable Risk? Making Decisions in a Toxic Environment*, California, California University Press.
Cole, Luke y Sheila Foster (2001): *From the Ground Up: Environmental Racism and the Rise of the Environmental Justice Movement*, Nueva York, New York University Press.
Couch, Stephen Robert y J. Stephen Kroll-Smith (eds.) (1991): *Communities at Risk. Collective Responses to Technological Hazard*, Nueva York, Peter Lang.
Cravino, María Cristina (2006): *Las villas de la ciudad. Mercado e informalidad urbana*, Los Polvorines, Universidad Nacional de General Sarmiento.
Cravino, María Cristina (2007a): "Transformaciones urbanas y mercado inmobiliario informal en asentamientos consolidados del área metropolitana de Buenos Aires", Los Polvorines, Universidad Nacional de General Sarmiento.
Cravino, María Cristina (2007b): "Política habitacional para asentamientos informales en el área metropolitana de Buenos Aires. Nuevos escenarios y viejos paradigmas aggiornados", Los Polvorines, Universidad Nacional de General Sarmiento.
Das, Veena (1995): *Critical Events. An Anthropological Perspective in Contemporary India*, Nueva York, Oxford University Press.
Das, Veena (1997): "Sufferings, Theodicies, Disciplinary Practices, Appropriations", *International Social Science Journal* 49 (154): 563-72.
Davidson, Pamela y Douglas Anderton (2000): "Demographics of Dumping II: A National Environmental Equity Survey and the Distribution of Hazardous Materials Handlers", *Demography* 37 (4): 461-66.
Davis, Devra (2002): *When Smoke Ran Like Water. Tales of Environmental Deception and the Battle Against Pollution*, Nueva York, Basic Books.
Davis, Mike (2006): *Planet of Slums*, Londres, Verso.
Defensoría del Pueblo de la Ciudad de Buenos Aires (2006): "Resolución 1157/06", www.defensoria.org.ar, acceso el 26 de abril de 2006.
Defensoría del Pueblo de la Nación Argentina (2003): *Informe Especial sobre la Cuenca Matanza-Riachuelo*, Buenos Aires.

De Jesus, Carolina Maria (2003): *Child of the Dark*, Nveva York, Signet Classics.

Del Vecchio Good, Mary-Jo; Paul E. Brodwin; Byron Good y Arthur Kleinman (1991): *Pain as Human Experience: An Anthropological Perspective*, California, University of California Press.

Di Maggio, Paul (1997): "Culture and Cognition", *Annual Review of Sociology* 23: 263-87.

Dorado, Carlos (2006): "Informe sobre Dock Sud", Buenos Aires, (inédito).

Downey, Liam (2005): "The Unintended Significance of Race: Environmental Racial Inequality in Detroit", *Social Forces* 83 (3): 971-1008.

Duneier, Mitchell (1999): *Sidewalk*, Nueva York, Farrar, Straus and Giroux.

Du Puis, Melanie (ed.) (2004): *Smoke and Mirrors. The Politics and Culture of Air Pollution*, Nueva York, New York University Press.

Eckstein, Susan (1990): "Urbanization Revisited: Inner-city Slum of Hope and Squatter Settlement of Despair", *World Development* 18, n° 2: 165-81.

Edelstein, Michael (2003): *Contaminated Communities*, Boulder, Westview Press.

Eden, Lynn (2004): *Whole World on Fire. Organizations, Knowledge & Nuclear Weapons Devastation*, Ithaca, Cornell University Press.

Elias, Norbert (2004): *Compromiso y distanciamiento*, Madrid, Península.

Engels, Fiedrich (1844): *The Condition of the Working-Class in England*, Londres, Lawrence & Wishart, 1973. (Edición en castellano: *La situación de la clase obrera en Inglaterra*, Buenos Aires, Editorial Futuro, 1965.)

Erikson, Kai (1976): *Everything in its Path. Destruction of Community in the Buffalo Creek Floo*, Nueva York, Simon & Schuster.

Evans, Gary W. y Elyse Kantrowitz (2002): "Socioeconomic Status and Health: The Potential Role of Environmental Risk Exposure", *Annual Review of Public Health* 23: 303-31.

Evans, Peter (ed.) (2002): *Livable Cities? Urban Struggles for Livelihood and Sustainability*, Berkeley, University of California Press.

Farmer, Paul (2003): *Pathologies of Power. Health, Human Rigths, and the New War on the Poor*, California, University of California Press.

Farmer, Paul (2004): "An Anthropology of Structural Violence", *Current Anthropology* 45 (3): 305-25.

Freudenburg, William (1993): "Risk and Recreancy: Weber, the Division of Labor, and the Rationality of Risk Perceptions", *Social Forces* 71 (4): 909-932.

Freund, Peter E. S. (1988): "Bringing Society into the Body: Understanding Socialized Human Nature", *Theory and Society* 17/6: 839-64.

Geertz, Clifford (1973): *The Interpretation of Cultures*, New York, Basic Books. (Edición en castellano: *La interpretación de las culturas*, Barcelona, Gedisa, 1988.)

Goffman, Erwing (1959): *The Presentation of the Self in Everyday Life*, Nueva York, Anchor.

Goldstein, Donna (2003): *Laughter Out of Place. Race, Class, Violence, and Sexuality in a Rio Shantytown*, California, California University Press.

González de la Rocha, Mercedes; Janice Perlman; Helen Safa; Elizabeth Jelin; Bryan R. Roberts y Peter M. Ward (2004): "From the Marginality of the 1960s to the 'New Poverty' of Today: A LARR Research Forum", *Latin American Research Review* 39 (1): 184-203.

Greenpeace (2001): "Zona de riesgo", www.greenpeace.org.ar, acceso del 22 de noviembre de 2006.

Grillo, Oscar; Mónica Lacarrieu y Liliana Raggio (1995), *Políticas sociales y estrategias habitacionales*, Buenos Aires, Espacio Editorial.

Harper, Douglas (1997): "Visualizing Structure: Reading Surfaces of Social Life", *Qualitative Sociology* 20 (1): 57-77.

Harper, Douglas (2002): "Talking about Pictures: A Case for Photo Elicitation", *Visual Studies* 17 (1): 13-26.

Harper, Douglas (2003): "Framing Photographic Ethnography: A Case Study", *Ethnography* 4 (2): 241-266.

Heimer, Carol (1988): "Social Structure, Psychology, and the Estimation of Risk", *Annual Review of Sociology* 14: 491-519.

Heimer, Carol (2001): "Cases and Biographies: An Essay on Routinization and the Nature of Comparison", *Annual Review of Sociology* 27:47-76.

Hirschfeld, Lawrence (1994): "The Child's Representation of Human Groups", *The Psychology of Learning and Motivation* 31: 133-85.

Hoffman, Kelly y Miguel Ángel Centeno (2003): "The Lopsided Continent: Inequality in Latin America", *Annual Review of Sociology* 29: 363-90.

JICA I (2002): "Línea base de concentración de gases contaminantes en atmósfera en el área de Dock Sud en la Argentina. Convenio Plan de monitoreo continuo del aire del área del polo petroquímico de Dock Sud. Convenio Secretaría de Medioambiente y Desarrollo Sustentable de la Nación y Agencia de Cooperación Internacional del Japón en la Argentina.

JICA II (2003): "Plan Acción Estratégico 2003 para la gestión ambiental sustentable de un área urbano-industrial a escala completa". Convenio Secretaría de Medioambiente y Desarrollo Sustentable de la Nación y Agencia de Cooperación Internacional del Japón en la Argentina.

Katz, Jack (1982): "A Theory of Qualitative Methodology: The Social System of Analytic Fieldwork", en *Poor People's Lawyers in Transition*, New Brunswick, Rutgers University Press, págs. 220-238.

Katz, Jack (1999): *How Emotions Work*, Chicago, Chicago University Press.

Katz, Jack (2001): "From How to Why. On Luminous Description and Causal Inference in Ethnography (parte I)", *Ethnography* 2 (4): 443-73.

Katz, Jack (2002): "From How to Why. On Luminous Description and Causal Inference in Ethnography (parte II)", *Ethnography* 3 (1): 73-90.

Kleinman, Arthur (1988): *The Illness Narratives. Suffering, Healing and the Human Condition*, Nueva York, Basic Books.

Kleinman, Arthur; Veena Das y Margaret Lock (1997): *Social Suffering*, California, California University Press.

Klinenberg, Eric (2002): *Heat Wave. A Social Autopsy of Disaster in Chicago*, Chicago, The University of Chicago Press.

Krieg, Eric (1998): "The Two Faces of Toxic Waste: Trends in the Spread of Environmental Hazards", *Sociological Forum* 13 (1): 3-20.

Kroll-Smith, Steve y Stephen Robert Couch (1991): "Technological Hazards, Adaptation and Social Change", en Couch, Stephen Robert y J. Stephen Kroll-Smith (eds.), *Communities at Risk. Collective Responses to Technological Hazards*, Nueva York, Peter Lang, págs. 293-320.

Kroll-Smith, Steve; Phil Brown y Valerie J. Gunter (eds.) (2000): *Illness and the Environment. A Reader in Contested Medicine*, New York, New York University Press.

Lanzetta, Máximo y Néstor Spósito (2004): *Proceso Apell Dock Sud*, (inédito).

Last, Murray (1992): "The Importance of Knowing about Not Knowing: Observations from Hausaland", en Feierman, Steven y John M. Janzen (eds.), *The Social Basis of Health and Healing in Africa*, Berkeley, University of California Press, págs. 393-406.

Leder, Drew (1984): "Medicine and Paradigms of Embodiment", *Journal of Medicine and Philosophy* 9: 29-43.

Leder, Drew (1990): *The Absent Body*, Chicago, Chicago University Press.

Lerner, Steve (2005): *Diamond. A Struggle for Environmental Justice in Louisiana's Chemical Corridor*, Cambridge, The MIT Press.

Levinas, Emannuel (1988): "Useless Suffering", en Robert Bernasconi y David Wood (eds.), *The Provocation of Levinas: Rethinking the Other*, Londres, Routledge, págs. 156-67.

Levine, Adeline Gordon (1982): *Love Canal: Science, Politics, and People*, Toronto, Lexington Books.

Lock, Margaret (1993): "Cultivating the Body: Anthropology and Epistemologies of Bodily Practice and Knowledge", *Annual Review of Anthropology* 22: 33-55.

Lomnitz, Larissa (1975): *Cómo sobreviven los marginados*, México, Siglo XXI.

Markowitz, Gerald y David Rosner (2002): *Deceit and Denial. The Deadly Politics of Industrial Pollution*, Berkeley, University of California Press.

Mazur, Allan (1991): "Putting Radon and Love Canal on the Public Agenda", en Couch, Stephen Robert y J. Stephen Kroll-Smith (eds.), *Communities at Risk. Collective Responses to Technological Hazards*, Nueva York, Peter Lang, págs. 183-203.

McAdam, Doug (1982): *Political Process and the Development of Black Insurgency 1930-1970*, Chicago, Chicago University Press.

Mello Lemos, Maria Carmen (1998): "The Politics of Pollution Control in Brazil: State Actors and Social Movements Cleaning Up Cubatao", *World Development*, n° 1, vol. 26: 75-87.

Merlinsky, Gabriela (2007): "Vulnerabilidad social y riesgo ambiental: ¿Un plano invisible para las políticas públicas?", *Mundo Urbano* 27, www.mundourbano.unq.edu, acceso el 8 de enero de 2007.

Miller, Dale T. y Debora A. Prentice (1994): "Collective Errors and Errors about the Collective", *Person. Soc. Psychology Bulletin*, 20: 541-550.

Mintz, Sidney (2000): "Sows' Ears and Silver Linings. A Backward Look at Ethnography", *Current Anthropology* 41 (2): 169-89.

Mitchell, Jerry; Deborah Thomas y Susan Cutter (1999): "Dumping in Dixie Revisited: The Evolution of Environmental Injustices in South Carolina", *Social Science Quarterly* 80 (2): 229-243.
Morris, David (1997): "About Suffering: Voice, Genre, and Moral Community", en Kleinman, Arthur; Veena Das y Margaret Lock (eds.), *Social Suffering*, California, California University Press.
Narayan, Kirin (1993): "How Native Is a 'Native' Anthropologist?", *American Anthropologist* 95 (3): 671-686.
Neuwirth, Robert (2005): *Shadow Cities. A Billion Squatters, A New Urban World*, Nueva York, Routledge.
Nguyen Vinh-Kim y Karine Peschard (2003): "Anthropology, Inequality, and Disease: A Review", *Annual Review of Anthropology* 32: 447-74.
Ohnuki-Tierney, Emiko (1984): " 'Native' Anthropologists", *American Ethnologist* 11 (3): 584-86.
Pellow, David (2002): *Garbage Wars. The Struggle for Environmental Justice in Chicago*, Cambridge, The MIT Press.
Pellow, David (2005): "Environmental Racism: Inequality in a Toxic World", en Romero, Mary y Eric Margolis (eds.), *The Blackwell Companion to Social Inequalities*, Malden, Blackwell.
Perrow, Charles (1997): "Organizing for Environmental Destruction", *Organization and Environment* 10: 66-72.
Perrow, Charles (1999): *Normal Accidents*, Nueva York, Basic Books.
Petryna, Adriana (2002): *Life Exposed. Biological Citizens after Chernobyl*, Princeton, Princeton University Press.
Phillimore, Peter; Suzanne Moffatt; Eve Hudson y Dawn Downey (2000): "Pollution, Politics, and Uncertainty. Environmental Epidemiology in North-East England", en Kroll-Smith, Steve; Phil Brown y Valerie J. Gunter (eds.), *Illness and the Environment. A Reader in Contested Medicine*, Nueva York, New York University Press, págs. 217-34.
Pirez, Pedro (2001): "Buenos Aires: Fragmentation and Privatization of the Metropolitan City", *Environment and Urbanization* 14 (1): 145-158.
Portés, Alejandro (1972): "Rationality in the Slum. An essay in interpretive sociology", *Comparative Studies in Society and History* 14, nº 3: 268-86.
Proctor, Robert (1995): *Cancer Wars. How Politics Shapes What We Know and Don't Know about Cancer*, Nueva York, Basic Books.
Rao, Vyjayanthi (2006): "Slum as Theory: The South/Asian City

and Globalization", *International Journal of Urban and Regional Research* 30 (1): 225-32.
Ratier, Hugo (1971): *Villeros y villas miseria*, Buenos Aires, CEAL.
Rock, David (1987): *Argentina, 1516-1982: from Spanish colonization to Alfonsín*, Berkeley, University of California Press.
Rubinich, Lucas (2006): "El odio santo de los oprimidos", *Apuntes de Investigación* 11: 204-13, agosto, Buenos Aires.
Sayad, Abdelmalek (2004): *The Suffering of the Immigrant*, Malden, Polity Press.
Scarry, Elaine (1987): *The Body in Pain. The Making and Unmaking of the World*, Nueva York, Oxford University Press.
Scheper-Hughes, Nancy (1994): *Death Without Weeping*, California, California University Press.
Scheper-Hughes, Nancy (2005): "Death Squads and Democracy in Northeast Brazil", *2005 Report of the Harry Frank Guggenheim Foundation*, págs. 43-56, (reporte anual).
Scheper-Hughes, Nancy y Margaret Lock (1987): "The Mindful Body: A Prolegomenon to Future Work in Medical Anthropology", *Medical Anthropology Quarterly* 1/1: 6-41.
Silvestri, Graciela (2004): *El color del río. Historia cultural del paisaje del Riachuelo*, Buenos Aires, Universidad Nacional de Quilmes.
Skinner, Jonathan (2000): "The Eruption of Chances Peak, Monserrat, and the Narrative Containment of Risk", en Pat Caplan (ed.), *Risk Revisited*, Londres, Pluto Press, págs. 156-83.
Steinberg, Mark (1999): *Fighting Words. Working-Class Formation, Collective Action, and Discourse in Early Nineteenth-Century England*, Ithaca, Cornell University Press.
Stillwaggon, Eileen (1998): *Stunted Lives, Stagnant Economies. Poverty, Disease, and Underdevelopment*, Nueva Jersey, Rutgers University Press.
Svampa, Maristella (2001): *Los que ganaron: la vida en los countries y barrios privados*, Buenos Aires, Biblos.
Tarrow, Sidney (1998): *Power in Movement*, Cambridge, Cambridge University Press.
Thompson, John B. (1984): *Studies in the Theory of Ideology*, Berkeley, University of California Press.
Tierney, Kathleen (1999): "Toward a Critical Sociology of Risk", *Sociological Forum* 14 (2): 215-242.
Tilly, Charles (1978): *From Mobilization to Revolution*, Nueva York, McGraw-Hill.
Tilly, Charles (1986): *The Contentious French*, Cambridge, Harvard University Press.

Tilly, Charles (1996): "Invisible Elbow", *Sociological Forum* 11/4: 589-601.
Todeschini, Maya (2001): "The Bomb's Womb? Women and the Atom Bomb", en Das, Veena; Arthur Kleinman; Margaret Lock; Mamphela Ramphele y Pamela Reynolds (eds.), *Remaking a World: Violence, Suffering and Recovery*, California, California University Press, págs. 102-56.
Torrado, Susana (2004): *La herencia del ajuste*, Buenos Aires, Capital Intelectual.
United Nations Human Settlements Programme (UNHSP) (2003): *The Challenge of Slums. Global Report on Human Settlements 2000*, Londres, Earthscan Publications.
Van Wolputte, Steven (2004): "Hang on to Your Self: Of Bodies, Embodiment, and Selves", *Annual Review of Anthropology* 33: 251-69.
Vaughan, Diane (1990): "Autonomy, Interdependence, and Social Control: NASA and the Space Shuttle Challenger", *Administrative Science Quarterly*, n°2, vol. 35, págs. 225-257.
Vaughan, Diane (1998): "Rational Choice, Situated Action, and the Social Control of Organizations", *Law & Society Review* 32 (1): 23-61.
Vaughan, Diane (1999): "The Dark Side of Organizations: Mistake, Misconduct, and Disaster", *Annual Review of Sociology* 25: 271-305.
Vaughan, Diane (2004): "Theorizing Disaster. Analogy, historical ethnography, and the Challenger Accident", *Ethnography* vol. 5 (3): 315-47.
Verbitsky, Bernardo (1957): *Villa miseria también es América*, Buenos Aires, Kraft.
Wacquant, Loïc (2002): "Scrutinizing the Street: Poverty, Morality, and the Pitfall of Urban Ethnography", *American Journal of Sociology* 107 (6): 1468-1532.
Wacquant, Loïc (2004): *Body and Soul*, Nueva York, Oxford University Press.
Wacquant, Loïc (2004): "Following Pierre Bourdieu into the Field", *Ethnography* 5 (4): 387-414.
Wacquant, Loïc (2007): *Urban Outcasts*, Nueva York, Polity Press.
Wagner, Jon (2001): "Does Image-based Field Work Have More to Gain from Extending or from Rejecting Scientific Realism?", *Visual Sociology* 16 (2): 7-21.
Walsh, Edward; Rex Warland y David Clayton Smith (1993): "Backyards, NIMBYs, and Incinerator Sitings: Implications for Social Movement Theory", *Social Problems* 41 (1): 25-38.

Warren, Christian (2000): *Brush with Death. A Social History of Lead Poisoning*, Baltimore, Johns Hopkins University Press.

Widener, Patricia (2000): "Lead Contamination in the 1990s and Beyond. A Follow-up", en Kroll-Smith, Steve; Phil Brown y Valerie J. Gunter (eds.), *Illness and the Environment. A Reader in Contested Medicine*, Nueva York, New York University Press, págs. 260-9.

Wilkinson, Iain (2005): *Suffering. A Sociological Introduction*, Cambridge (UK), Polity Press.

Williams, Raymond (1977): *Marxism and Literature*, Nueva York, Oxford University Press. (Edición en castellano: *Marxismo y literatura*, Barcelona, Península, 1980.)

Willis, Paul (1977): *Learning to Labor*, Nueva York, Columbia University Press.

Willis, Paul y Mats Trondman (2000): "Manifesto for Ethnography", *Ethnography* 1 (1): 5-16.

Wolford, Wendy (2006): "The Difference Ethnography Can Make: Understanding Social Mobilization and Development in the Brazilian Northeast", *Qualitative Sociology* 29 (3): 335-352.

Yujnovsky, Oscar (1984): *Las claves políticas del problema habitacional argentino*, Buenos Aires, Grupo Editor Latinoamericano.

Zonabend, Françoise (1993): *The Nuclear Peninsula*, Nueva York, Cambridge University Press.

Paidós

Si desea recibir regularmente información sobre las novedades de nuestra editorial, le agradeceremos suscribirse, indicando su profesión o área de interés a:

difusion@areapaidos.com.ar

Periódicamente enviaremos por correo electrónico información de estricta naturaleza editorial.

Defensa 599 – 1º piso – Tel.: 4331-2275
www.paidosargentina.com.ar